分布式复杂机电系统建模及安全技术

韩 中 / 著

U0227809

清华大学出版社
北京

内 容 简 介

本书在总结分布式复杂机电系统的特征和当前存在的问题的基础上，在系统建模、系统安全资源优化配置和故障溯源3方面对若干关键技术进行了研究，主要包括面向对象的有向无环图建模研究、有向无环图模型节点粒度的变换研究、分布式复杂机电系统安全资源优化配置研究、基于贝叶斯网络的分布式复杂机电系统故障溯源和网络模型自动生成算法。

本书既具有一定的理论深度，又配有丰富的实践案例，降低了学习难度。因此，本书既可以作为相关专业本科生、研究生教材，也可以供相关行业科研人员参考。

图书在版编目（CIP）数据

分布式复杂机电系统建模及安全技术/韩中著. —北京：清华大学出版社，2024.5（2024.11重印）
ISBN 978-7-302-66253-2

Ⅰ.①分… Ⅱ.①韩… Ⅲ.①机电系统－系统设计 Ⅳ.①TH-39

中国国家版本馆 CIP 数据核字(2024)第 095625 号

责任编辑：郭　赛　战晓雷
封面设计：何凤霞
责任校对：韩天竹
责任印制：刘海龙

出版发行：清华大学出版社
　　　网　　　址：https://www.tup.com.cn，https://www.wqxuetang.com
　　　地　　　址：北京清华大学学研大厦 A 座　　邮　　编：100084
　　　社 总 机：010-83470000　　　　　　　　邮　　购：010-62786544
　　　投稿与读者服务：010-62776969，c-service@tup.tsinghua.edu.cn
　　　质量反馈：010-62772015，zhiliang@tup.tsinghua.edu.cn
　　　课件下载：https://www.tup.com.cn，010-83470236
印 装 者：三河市君旺印务有限公司
经　　销：全国新华书店
开　　本：170mm×230mm　　印　　张：12.25　　字　　数：188 千字
版　　次：2024 年 6 月第 1 版　　　　　　印　　次：2024 年11月第 2 次印刷
定　　价：49.90 元

产品编号：094655-01

前　言

目前，能源电力系统、石油化工系统等在国民经济中占据着重要的位置。由于这类系统主要是由机械电子设备构成的，并且具有占用空间大、分布地域广、组成要素多、耦合关系复杂等分布性和复杂性特点，因此，可称其为分布式复杂机电系统（Distributed Complex Electromechanical System，DCES）。随着这类系统应用范围和规模的不断扩大，安全问题越来越突出。为此，本书对分布式复杂机电系统建模与安全分析的若干关键技术进行了研究，主要包括分布式复杂机电系统建模、分布式复杂机电系统安全资源优化配置和分布式复杂机电系统故障溯源 3 部分内容。

分布式复杂机电系统建模就是依据一定的理论或者规则抽象和简化分布式复杂机电系统的方法，是对系统的一种形式化刻画与描述，是通过运用各种数学知识解决系统中存在问题的一种方式，是系统安全设计与评价、系统优化配置和系统故障溯源的重要基础和依据。在实现系统建模的研究中，针对建模难点问题分别进行了 DCES 的面向对象有向无环图建模研究和 DCES 的有向无环图模型节点粒度转换研究。为了方便说明问题，分别引入了节点粒度、嵌套节点等概念。

DCES 安全不同于一般的简单系统，其任何一个较小的功能单元失效都有可能导致整个系统不能正常工作甚至重大事故的发生。因此，在基于建模研究的基础上，本书进一步对系统安全的几个关键的技术问题进行了 DCES 安全资源最优配置研究、DCES 故障溯源研究和 DCES 模型自动生成算法研究等。

本书的研究内容可以概括为以下几方面：

（1）总结、归纳了分布式复杂机电系统的特征，并针对分布式复杂机电系统当前存在的问题，分别在系统建模、系统安全资源优化配置、故障溯源等几个重要方面进行了研究。

（2）面向对象的有向无环图建模研究。它是针对系统的分布性、复杂性和连续性特点，利用面向对象分析技术和有向无环图模型对 DCES 进行刻画与描述的方法。面向对象分析技术能够清晰地将复杂系统划分为多个相对独立的对象，即把系统中的任何一个功能单元封装为一个相对独立的对象。它通过离散化的方法使复杂系统得到简化。有向无环图模型用图的方式表达分布式复杂机电系统的网络拓扑结构和内部关系。它把面向对象分析技术形成的对象看成图的节点，用带方向的边表示系统节点之间的联系，并用权重表示联系程度。此模型既表达了系统定性结构，也反映了系统内部的定量关系。总之，面向对象分析技术和有向无环图模型结合的方法能够更加准确地表达 DCES。

（3）有向无环图模型节点粒度转换研究。为解决系统不同方面的问题，本书研究了具有不同节点粒度的模型转换，通过引入节点粒度、嵌套节点等概念，实现了具有不同节点粒度的模型之间相互转换的操作。本书在分析模型结构形式的基础上定义了转换过程必须遵守的操作规则，并详细说明了节点合并和展开的过程。为保证模型的精度，本书从一致性和计算复杂度方面对模型性能进行了评价。本书提出的方法能使建模过程大大简化，同时模型包含了丰富的信息量，方便系统问题的准确、快速求解。

（4）DCES 安全资源优化配置研究。分布式复杂机电系统在设计、运行、维护过程中都必须考虑系统安全和整体性能优化问题。本书提出了基于动态规划的 DCES 安全资源优化配置方法。首先，利用前期面向对象的有向无环图建模方法建立了 DCES 的复杂网络模型；其次，通过对已有 DCES 安全事故的分析与总结，确定了表征系统安全性的特征参数——事故损失和事故概率，基于这两种特征参数定义了安全重要度评价指标，用来度量系统节点的安全性；最后，使用动态规划方法对系统进行了优化配置。此方法能保证系统薄弱环节得到有效、合理的配置，且使整个系统的安全性达到最优。

（5）基于贝叶斯网络的故障溯源。为了快速、准确、有效地定位 DCES 故障源，研究了基于贝叶斯网络的故障溯源技术。在前期建模的基础上，把有向无环图模型扩展为具有概率特性的网络模型，即贝叶斯网络模型。贝叶斯网络模型能够把未知的、不确定的问题通过变量间的概率分布特性转换成已知的、确定性的问题，并以此辨识系统异常的故障源过程。传统的推理模型大多以层状或树状结构为基础，贝叶斯网络是一种标准的网状形式，因此，非常适合表达这种具有分布式复杂结构的机电系统。

（6）网络模型自动生成算法研究。为了避免手工形成模型的弊端，本书提出了 DCES 模型自动生成算法，定义了特殊的数据结构、数据空间。算法过程对系统模型数据进行不断的分类和存取，分类使用不同的计算方法实现了反复搜索与提取操作，并对搜索结果进行逻辑存储处理，最终生成需要的 DCES 模型。

本书获得海南省自然科学基金的资助（项目号：722RC740；项目名称："拓扑向量空间辨识及其多网络车辆智能诊断应用"）。

限于作者水平，本书难免存在不妥之处，敬请广大读者批评指正。

韩　中

鞍山师范学院人工智能学院

2024 年 5 月

目 录

第 **1** 章

绪　论

1.1　课题背景、研究意义和来源

当前,能源电力系统、石油化工系统等分布式复杂机电系统在国民经济中占据着重要的位置。随着科学技术的进步,此类系统在各种行业中的应用不断扩大,并且越来越朝着规模化、智能化方向发展。这些由机电设备构成的系统表现出分布地域广泛、组成单元众多、耦合关系复杂等分布性、复杂性的特点,它们就是本书的研究对象——分布式复杂机电系统(DCES)。近些年来,随着这类系统的分布性和复杂性的逐渐增强以及其应用规模与范围的不断扩大,它所带来的安全问题也备受人们关注[1-3],特别是化工行业的安全问题最为突出[4-6]。为此,本书提出了分布式复杂机电系统建模与安全分析的研究。

据中国化工安全网数据显示,2005 年 1 月到 11 月,全国共发生爆炸、泄漏、中毒等化工安全事故 723 起[7],其中包括鲁西化工集团尿素合成塔爆炸、吉林石化双苯厂爆炸等重特大化工安全事故。在对 2008 年的 3 个月的事故调查中,全国就发生了多起重特大化工安全事故。

2008 年 9 月 14 日 5 时 50 分,辽宁省辽阳市金航石油化工有限公司发生爆炸事故,造成 2 人死亡、1 人下落不明、2 人轻伤[8]。经查,该企业的硝化反应釜没有装备高温报警和高温联锁停车及超温时自动排料装置,当班工人操作反应失控,引起厂内其他物料爆炸、燃烧。

2008 年 9 月 17 日 15 时 35 分,位于云南省昆明市寻甸回族彝族自治县的云南南磷集团电化有限公司发生氯气泄漏事故,造成 71 人中毒[9]。事故原因是充装系统压力表根部阀门上部法兰的垫片出现泄漏。

2008 年 8 月 26 日 6 时 45 分,广西维尼纶集团有限责任公司发生恶性爆炸事故,造成 20 人死亡、60 人受伤,周边 3 千米内约 1.15 万人被紧急疏散,同时还造成附近龙江水体轻微污染[10]。事故原因是设备老化和危险源的安全监控措施不完善。

2008 年 6 月 12 日 19 时 40 分,云南省昆明市安宁齐天化肥有限公司在脱砷精制磷酸试生产过程中发生硫化氢中毒事故,造成 6 人死亡、29 人中毒[11]。经分析判断,硫化钠水溶液配置槽出口管道没有自动显示和控制硫化钠流量的装置,正是由于这个阀门失控,产生大量硫化氢。同时,由于没有配备有害气体收集处理设施和检测(报警)仪器,致使反应产生的硫化氢气体迅速在空气中扩散。

化工事故现场照片如图 1-1 所示。

图 1-1　化工事故现场照片

国外的化工系统安全事故也屡见不鲜。2006 年 1 月 10 日,美国宾夕法尼亚州南部城市约克的一家黏合剂厂发生连环大爆炸,致使方圆 5 千米内的近万居民被迫逃离[12];2006 年 7 月 8 日,肯尼亚首都内罗毕一家化工厂发生爆炸,造成 9 人死亡[13]。

分布式复杂机电系统安全事故不仅发生在化工行业中,航空航天、船舶制造、交通运输、大型设备装置等的安全事故也屡见不鲜。部分事故现场照片如图1-2所示。

图1-2 机电设备与装置安全事故现场照片

2000年8月,俄罗斯库尔斯克号核潜艇沉没,造成118名官兵全部死亡。2002年公布的事故原因有:核潜艇上的鱼雷零件故障使得易燃液体泄漏,导致潜艇爆炸而沉没;紧急事态天线发射系统关闭;潜艇出厂没有取掉固定装置,导致应急浮标天线无法打开;紧急救生圈的警报器未打开;战斗单元的锁未处于工作状态位置;等等[14]。

2003年2月,美国哥伦比亚号载人航天飞机返回时在空中解体。事故原因有两个:一是泡沫材料脱落,撞裂航天飞机的热保护系统,大气层的超高温气体进入机体造成航天飞机解体;二是脱离的乘员舱内的座椅约束装置、加压服以及头盔等都没有起作用,而着陆系统又需要宇航员在清醒状态下手工操作才能使用。因此,现有的美国宇航员安全技术和措施本身就有致命缺陷,宇航员无法逃生[15]。

2008年9月,世界上造价最高、技术最为复杂的大型强子对撞机因为液态氦泄漏事故而被迫关闭。经故障分析,原因为一只小鸟将一块浸湿的面包投进了对撞机的一个高电压装置,致使这台机器温度过高而发生事故[16]。

2009年6月,法国一架空中客机A330在大西洋上空失踪,机上228名乘客和机组成员葬身大西洋。事故原因至今无从知晓[17]。

2010年1月,日本丰田汽车公司宣布,因油门踏板有发生故障的可能性,对在美国销售的约230万辆乘用车实施召回,进行免费修理。这令该公司曾经良好的品质声誉严重受损[18]。

从上述事故案例可以看出：这类分布式复杂机电系统安全问题所造成事故的损失巨大；造成事故的原因很少是系统的重大设备和核心部件，更多的是一些很小的、普通的零部件，如开关阀、电阻器等。

我们有针对性地对某制造企业的事故情况和安全保障情况进行了专项调查。

通过对该企业事故情况的统计，发现其每年由于机电装置故障引发的安全事故有 40 多起，其中导致生产系统全线跳车的大型事故十多起，造成每年至少 2000 万元以上的直接经济损失，而且近年来还发生了多起小范围的爆炸事故。通过对引起事故的原因进行调查分析，证实系统中任何一个单元失效都会引起整个生产系统的全线停车；另外，大多数情况下都是一些微小部件的失效带来系统的故障，而且这种小部件、高频发、大事故的情况造成的损失惨重，未得到应有重视。

该企业在安全保障方面对生产系统的重要设备、关键环节都配备了先进的故障监测系统和分布式控制系统（Distributed Control System，DCS），特殊的物理设备还采取了冗余备份的措施。尽管如此，仍然没有避免系统的安全性事故频繁发生。

从调查结果看出，当前对这类分布式复杂机电系统安全的研究还处在初级阶段，没能重视从系统的角度看待问题，当然也没有刻画和描述这类系统的较好方法，没有从源头上把握事故发生及其演变过程。因此，存在于系统中的安全问题很难从本质上得到彻底解决，致使系统事故频发、隐患依旧。

在此从系统功能和运行机理方面对分布式复杂机电系统进行分析。为完成指定的功能任务，这类分布式复杂机电系统的生产一般都需要经过多道复杂的处理程序，每道程序可能包含了多个物理过程或多种化学反应，物理过程或化学反应需要在一些复杂的处理单元中才能完成。系统处理单元往往由各种大型的动力机械设备、化学反应装置或者自动化智能控制单元等机电系统组成，单元之间通常经过多种介质（如能量流、物质流、控制流等)形成不同强弱程度的耦合,这些耦合把所有的机电设备连接成一个分布的、复杂的网络系统。另外,分布式复杂机电系统本身以及各种介质都具有高速、高压、高温、深冷、剧毒等特性,是集聚着高能量的非常规物质,被加工物资或产品通常也是易燃、易爆、有毒和腐蚀性的,即整个系统中都隐藏着危险。因此,在这种由多介质耦合众多单元形成的复杂网络环境中,只要系统中出现任何一个局部的、细小的异常,都有可能通过系统网络进行传播、扩散、累积和放大,造成涌现现象或蝴蝶效应,最终酿成重大安全事故。

因此,要想从本质上认识这类具有分布性、复杂性的机电系统,保障系统的安全,首要的工作是建立系统的精确表达模型,它是理解系统的基础。在正确的机理认识基础上,研究保障系统安全的方法,最大限度地提高系统安全性,并使系统在当前环境下运行最佳。另外,还要研究在系统出现异常或发生故障时如何快速、有效地定位故障源,对系统实施控制,消除系统异常,避免事故的发生,或者使系统得到恰当的维护。总之,保障系统安全,避免生产中恶性事故的发生,已经成为当前使用分布式复杂机电系统的企业亟待解决的问题。那么,研究分布式复杂机电系统的实质就是研究由多介质耦合多单元形成的网络环境中的以下问题:系统模型的建立、刻画与表达;系统安全的资源优化配置;系统故障溯源;等等。这些也是解决利用分布式复杂机电系统进行大规模安全生产的共性科学问题。

在一项关于制造业的统计中,化工行业GDP就占我国全部制造业GDP的46.9%,占我国全部工业GDP的35.75%[19],但化工行业特大安全事故造成人员伤亡、财产损失以及引发大面积污染的事故在数量和危害程度上却远远超过其在工业GDP中所占的比重。分布式复杂机电系统主要应用于石油、化工、能源、电力、航空航天、交通运输、复杂装备等行业。统计数据显示,截至2022年年底,我国石油和化工行业规模以上企业有28 760家,累计实现营业收入16.56万亿元,实现利润总额1.13万亿元,在全国规模工业中的所占比重达到25.4%[20]。以应用分布式复杂机电系统为代表的化工行业既是国家能源化工产业发展和战略安全的重点,又是国民经济的支柱性产业。以上数据足以说明研究分布式复杂机电系统建模与安全分析的重要性,因此,研究分布式复杂机电系统建模与安全分析问题对我国经济和社会具有极其重要的现实意义。

本研究来源于国家 863 计划中的课题"面向化工生产装置的系统安全分析方法与风险控制技术研究"项目。本研究也得到某家国有大型化工企业的支持和资助,许多研究成果都在该企业中得到应用和实现。

1.2　系统建模与安全分析研究现状

1.2.1　系统建模方法综述

系统建模可以理解为对系统进行抽象与简化的形式化表达[21]。根据问题的特征和分析问题的需要,曾经出现了很多种模型。目前,常见的系统模型有层次模型、树状模型、网络模型(Petri 网络模型、神经网络模型)、图模型(贝叶斯网络模型、有向无环图模型)等。

1. 层次模型

层次模型[22,23]如图 1-3 所示。

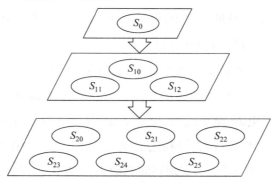

图 1-3　层次模型

　　层次模型是在深入分析实际问题的基础上,将需要解决的问题按照某种标准划分成若干层次加以考虑的方法。只有相邻层之间才能够实现相互作用与通信。一层之内可能存在多种功能与属性,但它们都通过统一的接口与相邻层相互作用。一般顶层为目标层,最下层通常为方案层或者对象层,中间层可以有多个,通常也称为指标层或准则层。在整个系统中,各层各行其是,而又相互合作共同完成复杂的系统任务。

　　2. 树状模型

　　把一个需要解决的问题作为树的根,或者称为目标问题,然后,在此基础上对根不断地进行分解,分解后得到的所有子节点仅与该节点的父节点和子节点(如果有)有关系。按照这种方法分解所有的节点,直到不可再分为止,不可再分的节点也称为叶子节点或基本节点。最终形成的模型即为树状模型,如图 1-4 所示。

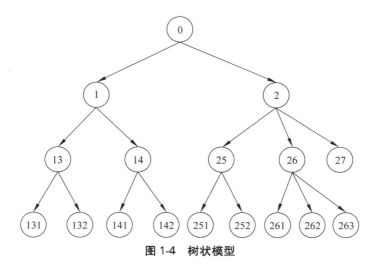

图 1-4　树状模型

　　典型的树状模型应用就是故障树分析(Fault Tree Analysis,FTA)[24],它是系统故障诊断的重要方法之一。它采用演绎的推理方法,从顶层事件开始,逐次分析每一个事件的直接原因,直至基本事件;建立树状模型时采用专门的逻辑符号表达导致系统灾害的问题或事件等因素,如设备装置的故障、作业人员的误判断和误操作以及环境变化的影响等。在故障树分析中,与事故相关的三大因素——人、机、环境都被涉及,因此,分析较为全面、透彻,同时又有逻辑性。故障树分析的最终目的是找到引发事故的原因,并对可能发生的事故的基本因素采取有效的管理和控制措施,以防患于未然。

3. 网络模型

网络模型是按照某种方式将系统抽象成一系列节点,并使用特有的图形符号表达这些节点之间复杂关系的模型。常用的网络模型有 Petri 网络模型、神经网络模型等。

1) Petri 网络模型方法[25,26]

Petri 网络是 1962 年德国数学家 Carl Adam Petri 提出的,并由 James L. Peterson 进行了定义和解释。Petri 网络是一种能够适用于多种系统的图形化数学建模工具,为描述和研究信息加工系统所具有的并行、异步、分布式和随机性等行为特征提供了强大的功能支持,如图 1-5 所示。

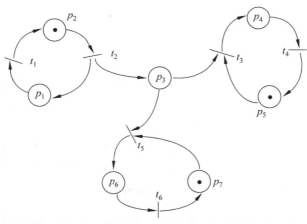

图 1-5　Petri 网络

Petri 网络作为一种图形化工具,可以被看作与数据流图类似的状态转移方法;而作为一种数学工具,它可以建立节点的状态方程、代数方程以及描述系统其他行为的数学模型。Petri 网络是离散事件动态系统建模和分析系统状态变化的理想工具,特别适合二元性分布式复杂系统状态变化导致的故障分析。

2)神经网络模型[27]

神经网络是由大量神经元的自律要素以及这些自律要素相互作用构成的一种网络,如图 1-6 所示。它通过抽象和简化模拟人脑处理信息的过程,具备人脑功能的一些基本特性,形成了高度非线性的大规模动力学系统。神经网络具有很强的学习能力、自适应能力、自组织能力、容错与自修复能力、输入输出能力、知识表示能力、模式存储和检索能力等。

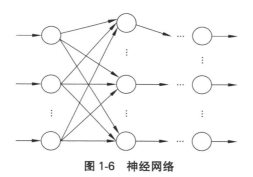

图 1-6 神经网络

神经网络的基本数学模型是

$$A = f(WP + B)$$

式中,A 为输出,f 为传递函数,W 为权值,P 为输入,B 为偏差。

神经网络是一个非线性动力学系统,其特点在于信息的分布式存储和并行协同处理。单个神经元的结构很简单,功能也有限,但大量神经元构成的网络系统可以实现极其复杂的功能与行为。另外,神经网络一定要按照学习准则进行学习,然后才能工作。

4. 图模型

图模型[28]是指使用数学中图论的思想建立的复杂系统模型。图模型使用图论中的元素对研究系统的实体进行刻画和描述,求解安全问题也经常使用图论的方法。因此,基于图论的系统建模方法从系统所依赖的物质基础出发考虑系统特征属性,属于分布式复杂机电系统的机理性认识方法,利用它能很好地辨识系统中的危险,并在系统异常时控制危险。利用图论方法的系统安全分析模型有有向无环图(DAG)模型[29]、贝叶斯网络(Bayesian Network,BN)模型[30,31]以及符号有向图(Signed Directed Graph,SDG)模型[32,33]。

DAG模型是一种标准的图论方法。本书利用它定性地描述由众多单元组成、包含复杂关联关系、具有网络特征的分布式复杂机电系统。具体地说,使用赋值权重定量地表达系统要素之间的关联关系,使用方向边表示系统元素之间的作用关系。DAG模型的无环规定避免了因循环迭代而得不到最终解的情况,即保证问题求解计算的收敛性。总之,DAG模型能够更加精确地反映实际应用中的分布式复杂机电系统,能够提供求解问题所需的丰富信息。DAG模型目前应用范围很广泛,有很好的数学理论基础,能解决实际应用中的许多问题。它也是本书选用的系统建模方法。

贝叶斯网络模型是DAG模型的一种扩展形式。它除继承了DAG模型对系统的刻画方法之外,还以概率作为系统的权重,以表达系统元素之间的这种影响程度。也就是说,贝叶斯网络模型在图论数学方法的基础上增加了概率论的知识,大大增强了模型解决系统问题的能力。贝叶斯网络模型已经成为求解不确定性问题的一种经典方法,并应用在众多行业中。

符号有向图建模方法是基于图论中的符号有向图的建模方法,也是系统建模的一种重要分支。符号有向图是一种定性模型,其节点和有向边都有比较鲜明的物理意义,可以通过定向符号有效地刻画系统的机理和关系。基于SDG的故障分析能利用模型节点和有向边的表示能力快速地检测和有效地定位故障源。

此外,还有其他一些系统安全模型分析方法,例如基于Cimsosa模型的方法、系统混杂模型的分析方法等。

1.2.2　系统安全起源与发展

系统安全可以追溯到 20 世纪 50 年代[6,34-38]，科学技术进步使制造与生产的设备、工艺及产品变得越来越复杂，在军事装备研制[39]、宇航开发[40]、石油化工[41]、能源利用[42]等代表人类高科技活动的领域中，分布式复杂系统相继出现[43-50]。这些分布的、复杂的系统往往由数以万计的元素组成，元素之间耦合关联，在系统制造或使用过程中往往涉及高能量或危险物等危险源，微小的差错就可能导致严重事故发生[51]。在一系列惨痛事故的教训面前，系统安全性问题引起了人们的关注，出现了对系统安全理论和方法的研究[52]。

系统安全通常指系统不造成人员伤亡、财产损失和环境破坏的状况。为保障系统安全，通常在系统生命周期内应用系统安全工程和系统安全管理方法辨识系统中的危险源，采取有效的控制措施消除或抑制危险性，从而使系统在规定的性能、时间和成本范围内达到最佳的运行状态。系统安全问题贯穿于系统从设计、运行生产、维修维护直到报废的整个生命周期[34-37,53,54]。

系统安全是相对的，绝对安全的事物是不存在的[1,6]。通常危险源为两大类[1-6,34-38]：一类是可能发生意外释放的能量（能源或能量载体）和物质，称为第一类危险源；另一类是导致能量或危险物质约束或限制措施破坏或失效的各种因素，称为第二类危险源。事故通常是两类危险源共同作用的结果。第一类危险源的存在是第二类危险源出现的前提，决定事故的严重程度；第二类危险源的出现是第一类危险源导致事故的必要条件，决定事故发生的可能性。两类危险源相互关联、相互依赖。

当前的系统安全理论主要强调通过系统组成设备的可靠性提高系统的安全性[6,34-38]，而对于人为不安全行为则尽可能以自动化智能设备代替[55-57]。按照系统安全的原则，在一个新系统的规划、设计阶段，就要考虑系统的安全问题,并且安全问题一直贯穿于制造、安装、生产和报废的整个系统生命周期内。

　　系统可靠性和系统安全性既相互联系又有所区别[35,36]。系统可靠性通常指系统在规定的时间、规定的条件下完成指定任务的能力[6,34-37,58]。系统安全性注重系统是否对人造成伤害、是否造成重大经济损失和是否造成环境污染等情况。系统不可靠,但不一定会发生危险或事故;系统发生事故,那么系统肯定是不可靠的。所以,不可靠的系统通常认为是不安全的,可靠的系统一定是安全的。现实中的很多系统安全性问题都是由系统故障引起的,属于系统可靠性问题。因此,系统可靠性问题往往也被认为是系统安全性问题。

　　因此,系统安全工作可以从安全系统工程学的内容出发,首先使用有效的模型对系统安全性进行刻画和描述[59-61],然后对系统实施优化配置、故障溯源等。

1.2.3　系统安全分析方法

　　伴随着自动控制、人工智能等技术的发展,系统安全研究领域出现了大量的思想和方法,有几十种之多,很难准确地对它们进行统一和分类。但从各种方法的发展过程来看,众多方法之间还是存在着一定的衍生、继承和补充关系。下面对较为常用的、有代表性的系统安全分析方法进行介绍。

1. 检查表法

　　检查表(checklist)法是按照有关的标准、规范、规程或经验辨识危险源。这些与系统安全有关的标准、规范、规程或经验都是在大量实践经验的基础上获得的,并被编制成一个安全检查表。检查表法是系统安全工程的开始,能够较为全面地查找问题。检查表法产生于20世纪30年代,并一直沿用至今。安全检查表法简单、实用、经济、有效。它为建立现代专家系统提供了原始的数据资料,也为解决现代系统的安全问题奠定了基础[62]。检查表法通过手工方式完成系统的控制工作。随着系统复杂性的提升,不可避免地出现很多疏漏和人工不可控制的情况,因此,在现代自动化、智能化的企业生产方式成为必然的情况下,检查表法只能作为更高级的方法的一种知识。

2. 预先危险性分析方法

预先危险性分析(Preliminary Hazard Analysis,PHA)主要是在系统项目开发、设计活动之前,对系统中存在的危险物质和装置等进行的。预测和评估系统可能存在的危险类别、事故出现的条件以及导致的后果,进行概略分析,从而避免使用不安全的技术方案、工艺方法和设备,防止由于考虑不周而造成事故。其目的是识别系统中潜在的危险,评价其危险等级,并采用相应的措施防止事故的发生[63-65]。预先危险性分析一般经过以下步骤:

(1)根据经验或者技术诊断等方法,辨识物料性质、生产工艺、设备和设施、工作环境、操作规程和管理制度等是否存在危险或是有害因素。

(2)根据经验分析危险、有害因素对系统的影响,并分析事故的可能类型。

(3)把确定的危险和有害因素列入预先危险性分析表。

(4)确定危险和有害因素的危害等级,并对危害等级进行排序。

(5)制定预防事故发生的安全控制措施。

PHA 方法推动了系统安全性检查到系统安全性研究的发展,把事故安全工作从事后维护维修提高到事故预防的层面上来。PHA 方法的优点是简单易行、经济有效,能够作为系统项目开发与设计操作的安全指南。PHA方法是一种宏观概略的定性分析技术,只能实现粗略的危险性分析。另外,该方法需要专业人员才能完成工作,分析人员必须对生产中的物品、工艺过程、工艺参数以及设备的特点非常熟悉。

3. 故障树分析方法

故障树分析(Fault Tree Analysis,FTA)方法于 1961 年由美国 Bell 实验室的 H. A. Watson 提出。故障树分析就是把需要求解的目标事件作为故障树的顶事件,然后将造成系统故障的原因逐次分解为不同的事件,直到不能或者不需要继续分解为止,并把这些事件作为底事件。这是一种从果到因的演绎分解方法。FTA方法用于分析复杂系统,考虑了包括设备、人与环境在内的多重失效因素,并使用树状图形分层次地描述系统出现故障时各个节点事件之间的关系,直观地表达系统发生失效的过程[66-69]。

FTA方法在系统的顶事件和底事件之间建立直接原因和间接原因的关系,并分析这些原因之间的逻辑关系,再把这些事件按逻辑关系用与门、或门等连接起来,最终形成逻辑树图。

1) 故障树的逻辑

故障树的逻辑由事件符号和逻辑门符号组成。

图1-7中的4种事件符号依次代表顶事件或中间事件、基本底事件、未探明底事件和开关事件。

故障树逻辑门符号是表示事件之间的逻辑关系的连接符号,有很多个。图1-8中依次为与、或、非3种常用的符号。

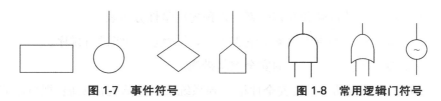

图1-7　事件符号　　　　　　图1-8　常用逻辑门符号

2) FTA的定性分析

FTA的定性分析就是要找出导致顶事件发生的所有可能的故障模式,即最小割集。另外,还要分析基本事件在故障树中的重要程度。在故障树中,能够引起顶事件发生的一组基本事件被称为割集。分析各基本事件的发生对顶事件发生的影响程度称为重要度分析。

3) 模糊FTA的定量计算

模糊FTA的定量计算[70]包括概率的模糊数表示和故障树逻辑门模糊算子(与门运算、或门运算)。

4）事件严重度计算

事件严重度计算包括单个后果事件严重度计算和多个后果事件严重度计算。

4. 故障模式及其影响分析方法

故障模式及其影响分析（Failure Modes and Effects Analysis，FMEA）方法是通过对组成系统的每一个组件、子系统等进行分析，找出所有的故障及其类型，分析每种故障模式对人员和整个系统的安全所带来的影响，并采取措施加以预防和消除。它是一种归纳分析的方法，也是一种定性的危险分析方法。

1957 年，美国第一次将 FMEA 方法用于飞机发动机的危险性设计分析上。到了 20 世纪 60 年代中期，FMEA 技术正式应用于美国的航天工业（阿波罗计划）。现在 FMEA 方法广泛地应用在航空航天、能源、电力、机械、电子等多个行业。而且它在化学工业应用也有明显的效果，例如美国杜邦公司就将其应用于化工装置三阶段的安全评价当中。FMEA 方法还常常与故障树配合使用，以确定故障树的顶事件。

目前，在传统 FMEA 方法基础上出现了很多的改进方法和技术。Pillay[71]等提出了一种基于模糊规则库和灰色关联理论的 FMEA 方法，为分析工作提供了有价值的信息；李果[72]结合多色集合理论、因果图理论等提出了一种复杂装备使用阶段故障模式及影响分析方法；Eubanks[73,74]等利用功能建模技术的成果，采用系统的行为模型作为 FMEA 方法的基础，通过构造行为模型因果链进行故障分析；Kmenta[75,76]提出了一种基于功能状态模型的 FMEA 方法，该方法采用故障场景表示故障因果链，综合考虑各个故障场景的发生概率和成本损失，对系统的危险进行有效评估；Montgomery[77]等采用计算机模拟方法在电路设计初期对各种可能发生的故障模式进行定性模拟分析，在设计后期运用定量模拟量化故障模式所产生的影响。

FMEA 方法实际上是一套科学而完整的系统安全分析体系，但是对大系统的分析过程较为复杂,工作量大,详尽程度和结果易受评价人员主观因素影响。

从上述关于系统安全研究情况的概述可以看出,技术的发展是前后相继的,早期研究常常是现代研究的基础。系统安全技术的发展大致经历了这样的一个过程:最早人们使用安全检查表对照的方法,接着发展到系统的安全分析方法,最后发展到现在的系统建模以及复杂计算的方法。当然,安全研究也是伴随着系统的发展而不断深入的过程,20 世纪 60 年代以前的生产系统相对简单,也称简单系统,安全控制多数集中在系统的核心设备上;从 20 世纪 60 年代到 90 年代,随着电子信息技术、人工智能技术等自动技术的发展,各种工业系统纷纷利用多种技术组织生产,从而也带来了系统自身安全的复杂性,系统安全性问题的解决也就引入了信息技术、智能控制等手段;现在的生产系统已经由原来的简单系统的加工过程发展到大规模、分布性、跨学科的规模生产方式,因此,相应的安全研究也必须满足现代的分布式复杂机电系统的特征、特点以及应用要求。

本书研究的分布式复杂机电系统一般由很多小的功能子系统组成,子系统又由很多功能各异的设备单元组成,子系统和设备单元相互关联,关联方式有物质流、信息流、控制流或能量流等,子系统可能涉及多个学科与多种专业。另外,分布式复杂机电系统中也存在诸多危险性因素,这些因素都有可能扩散、积累或放大,从而导致系统发生故障。因此,研究分布式复杂机电系统安全就需要以系统论的观点看待问题,充分认识系统组成结构及其功能作用的复杂性,并运用多学科专业知识和多领域融合技术,建立刻画和描述复杂系统的形式化模型,为系统安全提供必要的分析决策手段。复杂系统同样有其生命周期的特征,并且系统的运动性和耗散性都会使其失去原有的平衡而进入一个新的工作状态,这就会给系统带来新的安全问题,这就要求在系统生命周期的各个阶段对其进行资源优化配置,以保证系统有良好的工作状态。一旦系统异常或事故发生时,快速、准确地查找和定位引起故障的根源也是一项非常重要的系统安全工作。上述内容就构成了本书关于分布式复杂机电系统建模与安全分析的一些关键性研究。

1.2.4　DAG 模型与系统安全分析

现实世界的事物以及事物之间的关系常可用图形来描述。例如，物质结构、交通网络、信息传输、建设规划、工作流程等都可以用点和线组成的图形表示。这就是图论应用研究的一些内容。图论是研究自然科学、工程技术、经济管理以及社会问题的一个重要的现代数学工具，因而受到科学界广泛的重视。

图论的产生和发展历经了 200 多年的历史[78,79]。图论萌芽于 1736 年，著名的瑞士数学家 L. Euler（欧拉）关于哥尼斯堡七桥问题的论文是公认的图论历史上第一篇文献。后来图论问题大量出现，如四色问题（1852 年）和 Hamilton 问题（1856 年）。同时出现了以图为工具解决问题的成果，如 Kirchhoff（1847 年）和 Cayley（1857 年）分别用树的概念研究电网络方程组问题和有机化学的分子结构问题。进入 20 世纪 30 年代，图论出现了一大批新理论和结果，如 Menger 定理（1927 年）、Kuratowski 定理（1930 年）和 Ramsey 定理（1930 年）等。1936 年，匈牙利数学家 D. Konig 写出了第一篇图论理论方面的论文和第一部图论专著（《有限图与无限图的理论》）。此后，由于生产管理、军事、交通运输、计算机和通信网络等领域离散性问题的出现大大促进了图论的发展。到了 20 世纪 70 年代以后，大型电子计算机的出现使大规模问题的计算成为可能，图理论在物理学、化学、计算机科学、电子学、信息论、控制论、网络理论、运筹学、社会科学及经济管理等几乎所有学科领域中各方面的应用研究都得到了高速发展，图论越来越受到科学界的广泛重视。

图论作为现代重要的数学工具，很多内容都体现了它的现代特色。图论发展中关于无向图的理论研究要比有向图早。图论中许多重要概念和理论成果虽然产生于无向图,但随着研究的发展,很多重要成果已被推广到有向图[29]。同时,很多概念与术语都与边的方向有关,例如路、回路、圈、直径和连通等,都是针对有向图而言的;而在某些概念和术语中的边就与方向无关,例如树、平面图、匹配、染色等,这些图就表示无向图。本研究主要考察事物以及事物之间关系的问题,必须考虑事物之间联系的方向,因此在研究中采用了图论的有向无环图(DAG)作为解决系统安全问题的工具。

在图论应用部分有许多非常经典的解决实际问题的算法[28,78,79]。例如,解决货郎担问题的一个近似多项式算法是 Christofides 于 1976 年提出的。这个算法用到了求最优树算法,求最小权完备匹配算法和求 Euler 圈算法,求最小权完备匹配用到匈牙利算法,求 Euler 圈用到最小费用最大流算法和最小费用最大流的标号算法。因此,使用上述算法,最小连接问题、人员安排问题、最优安排问题、最优运输方案的设计和中国邮递员问题等就能很好地得到解决。

另外,图论和集合论也能够很好地相互融合。为了给出图的严格数学定义,下面使用集合论中的有序对与卡氏积的方法给出无序积的形式化定义。

假如两个元素 x、y 构成的集合 $\{x,y\}$ 为无序对,在图论中将 $\{x,y\}$ 记为 (x,y),其中 x 可以等于 y。$\{(x,y) \mid x \in A \wedge y \in B\}$ 为集合 A 与 B 的无序积,记为 $A\&B$。在计算 $A\&B$ 时,对于任意的 x、y,$(x,y)=(y,x)$。设

$$A=\{a,b\}, \quad B=\{a,b,c\}$$

则

$$A\&B=\{(a,a),(a,b),(a,c),(b,b),(b,c)\}$$
$$A\&A=\{(a,a),(a,b),(b,b)\}$$

而

$$A \times B=\{<a,a>,<a,b>,<a,c>,<b,a>,$$
$$<b,b>,<b,c>\}$$

$$A \times A = \{ <a,a>,<a,b>,<b,a>,<b,b> \}$$

无向图 G_1 是一个二元组 $<V,E>$，即 $G_1 = <V,E>$。其中，V 是非空集合，称为顶点集，其元素称为顶点；E 是无序积 $V\&V$ 的子集，称为边集，其元素称为无向边，简称边。以 u、v 为顶点的边记为 (u,v)。

有向图 G_2 是一个二元组 $<V,E>$，即 $G_2 = <V,E>$。其中，V 是非空集合，称为顶点集，其元素称为顶点；E 是卡氏积 $V \times V$ 的子集，称为边集，其元素称为有向边，简称边。以 u 为始点、以 v 为终点的边记为 $<u,v>$。

DAG 的应用非常广泛[80-87]。1995 年，越南大南大学的吴胜利和王能斌教授进行了面向对象数据库中基于有向图的联系代数研究，把有向图引入数据库的应用当中。1996 年，加拿大里贾纳大学 Y.Xiang 进行了基于信度网多代理系统的 DAG 验证研究，提出了一种分布算法，并证实了子代理之间无环实现网络的猜想。2003 年，华中科技大学的王书亭、陈立平和钟毅芳进行了面向制造系统的有向图仿真建模方法研究，第一次使用有向图解决制造系统问题[86]。2008 年，喀麦隆的 Clémentin Tayou Djamegni、法国的 Patrice Quinton 和美国的 Sanjay Rajopadhye 等进行了 DAG 图与具有仿射图的嵌入式系统映射转换研究[84]。本研究也采用 DAG 模型表达分布式复杂机电系统。DAG 模型不仅可以很好地定性描述由众多单元组成的、相互关联的分布式复杂机电系统的网络结构形式，而且通过赋值权重定量地描述系统要素之间精确的关联关系。在 DAG 模型中对要素之间的影响关系使用了定向标定，它使问题的求解变得更加容易。DAG 模型使用无环的规定，保证了系统问题求解计算的收敛性，避免了因循环迭代而得不到最终解的情况，并能够得到精确解，即实现问题的准确定位。DAG 模型的节点和边都可以使用带权的参数，有助于求解问题所需的丰富的信息量，提升了解决问题的有效性、可行性。本研究针对系统建模中的几个困难性问题，分别提出了面向对象的 DAG 的建模方法和 DAG 节点粒度的转换。为了方便系统建模，本研究提出了节点粒度、嵌套节点等概念。

1.2.5   目前研究中存在的问题

从上述关于分布式复杂机电系统建模与安全分析技术的介绍可以看出，现有的研究还需要在以下几方面进行补充和扩展：

（1）基于系统论的分布式复杂机电系统安全研究。

传统的安全保障方法只注重关键设备的故障监测，而很少考虑那些数量众多的微小零部件频繁发生故障对系统安全造成的巨大影响。对分布式复杂机电系统而言，任何组成单元都具有独特的重要性；同时，单元之间存在很多弱耦合，单元故障可以通过弱耦合在系统网络中传播、放大，激发系统的异常与故障的产生。

（2）分布式复杂机电系统建模研究。

传统的串并联系统模型很难表达这种具有网络结构形式的分布式复杂机电系统。故障树、故障模式及其影响分析等诊断方法，适用于故障模型能够建立，并且故障现象比较完备的情况。对于这类分布复杂而庞大的机电系统而言，由于其故障的偶然性和隐藏性，上述方法不可能穷举所有的故障现象，也就不可能建立起来系统的 FMEA 模型。所以，研究建立合适的、有效的系统模型是非常必要的。

（3）分布式复杂机电系统安全资源优化配置研究。

简单系统或者小系统安全资源的优化配置显得不是那么困难。而分布式复杂机电系统安全资源的优化配置就显得复杂多了，它往往由组成系统的各个单元的安全性共同决定。如何在现有资源和各种约束条件下消除系统瓶颈或薄弱环节，保障系统处在一个最佳工作状态，使系统安全性最高，系统运行最稳定，是一项非常有价值的研究，也是当前企业所追求的一个目标。

（4）分布式复杂机电系统故障溯源研究。

分布式复杂系统组成要素众多，耦合关系复杂，任何微小的变化都有可能导致系统发生故障；此外，故障因素可以通过系统网络传播，经常出现异常征兆单元和故障单元不同源的现象。因此,需要进行系统故障溯源研究,以快速、准确地辨识系统故障源,有效地排除系统故障。

（5）分布式复杂机电系统模型自动生成算法研究。

系统建模以及保障系统安全的优化配置和故障溯源等研究必须转化为实际,指导生产。因此,模型自动生成算法研究成为整个研究中的一项重要内容。它是系统安全理论结合实际的一项基础性研究。模型自动生成算法通过对系统状态的实时数据监控、采集、计算和控制,保障系统模型的精度以及基于模型的方法的正确应用。

1.3　本书的主要工作和总体结构

1.3.1　主要工作

本书在现有研究的基础上,针对系统安全的一些关键问题提出了新的观点和方法,主要概括为以下 5 方面:

（1）提出了面向对象的 DAG 建模方法。

面向对象的 DAG 建模方法是利用面向对象分析方法、使用 DAG 模型对分布式复杂机电系统进行描述与刻画。面向对象分析技术采用了抽象、封装与继承的思想,把系统的任何一个具有独立功能的物理部分,小到一个零部件,大到一个子系统,都看作一个对象。对象之间具有独立性,并通过接口实现访问,相互联系。DAG 模型使用图的方式表达分布式复杂机电系统的网络拓扑结构,它把系统要素用节点和边的形式表示,用边的方向表示变量的影响关系,用边的权重表示联系的强弱程度。DAG 模型不仅能用于模型的定性分析,同时能够实现模型的定量分析,此外,它还能包含很丰富的信息,克服了以往模型单一的定性分析或定量分析,将二者割裂的情况。因此,面向对象分析技术和 DAG 模型相结合能简化系统建模,大幅降低系统建模过程的难度。

（2）提出了基于DAG模型节点粒度的转换方法。

在面向对象的DAG建模研究的基础上，本书深入地研究了分布式复杂机电系统模型节点的确定问题，引入了节点粒度的概念，提出了DAG节点粒度的转换方法。该方法通过引入嵌套节点，建立节点合并与展开的转换操作机制。在分析模型组成结构形式的基础上定义了转换过程必须遵守的操作规则，并详细描述了节点合并和展开的操作流程。为保证模型的精确性，本书从一致性和计算复杂度两方面对模型性能进行了评价。总之，使用面向对象分析技术的DAG建模能够精确地刻画一个分布式复杂机电系统，并使建模过程变得简单。另外，DAG模型能够包含丰富的信息，方便系统问题的快速求解。

（3）提出了动态规划的系统安全资源优化配置方法。

分布式复杂机电系统都会因为设计缺陷、设备长期运行的老化不一致、系统加工物质的扰动等原因造成某些地方出现薄弱环节或者瓶颈。如果这些问题得不到及时的发现和处理，会给系统留下很大的安全隐患。因此，本书进行了分布式复杂机电系统安全资源优化配置方法研究，通过辨识系统中存在的关键环节或薄弱环节，并利用动态规划的方法对系统安全进行最资源优化配置，从而增强系统的鲁棒性和稳定性。本书综合了系统的流体网、信息网、控制网等多网特性，采用了融合的数据统计方法，以实现系统安全优化配置与和谐运作。

（4）进行了基于贝叶斯网络的系统故障溯源研究。

分布式复杂机电系统中经常出现故障与征兆不同源的现象，即单元异常往往是由相邻单元故障的影响与传播导致的。为了准确、有效地定位故障源，本书研究了基于贝叶斯网络的故障溯源技术。首先，在前期DAG建模研究的基础上，结合贝叶斯概率特性建立了贝叶斯网络模型。然后，依据此模型把未知的不确定的属性通过变量间的概率分布特性转换成已知的确定的属性的方法辨识系统异常现象。这种方法克服了以往建模以单设备为对象、要求建模的故障模式比较确定、故障现象比较完备的缺点。传统的推理分析模型大多以层状或树状结构为基础;贝叶斯网络则以网络模型为推理基础,能够适应耦合关系非常复杂的工业系统。贝叶斯网络还能够在多种故障的影响下辨识造成系统异常的本质原因。

(5)进行了系统模型自动生成算法研究。

为了解决分布式复杂机电系统网络模型的自动生成问题,本书提出了一种基于结构空间的网络模型自动生成算法。首先定义了一个特殊的数据结构用来保存网络模型的基础信息,并按照不同的标准对这些信息进行反复搜索与提取操作,将获得的结果分别保存在定义的多个集合中,形成不同的集合分类。然后,根据集合元素的数量以及集合间的关系对集合元素进行迭代计算,不断地辨识每个集合元素的属性和参数,并逐步完成整个模型的生成。本书通过一个网络模型生成例子对该方法进行了验证,结果表明该方法具有可行性,能够很好地满足实际需求。同时,网络模型自动生成算法具有通用性,能够作为共性技术进行广泛推广。

本研究的总体思路如图 1-9 所示。

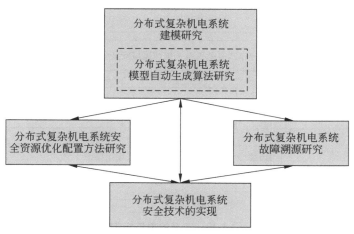

图 1-9　本研究的总体思路

本研究以分布式复杂机电系统为研究对象,基于对系统的机理性认识,把提高系统安全性作为研究目标。通过分析,把反映本质的系统的结构特征作为建立分布式复杂机电系统的表达模型。模型是认识分布式复杂机电系统的基础,后续的安全性工作是在此基础上的进一步实施与展开。对于分布式复杂机电系统安全保障来说,最根本的方法是系统安全资源优化配置,本研究使用了动态规划方法对系统安全进行资源优化配置。系统安全的又一亟待解决的问题就是故障溯源,本研究使用了经典的基于贝叶斯网络的故障溯源方法。分布式复杂机电系统建模的一项非常有意义的工作就是关于模型的自动生成算法的研究。本研究在上述工作的基础上完成了应用系统的原型开发。该系统已经应用于实际的企业生产,指导和保障相关系统的安全运行。

1.3.2 总体结构

本书的总体结构如图 1-10 所示。

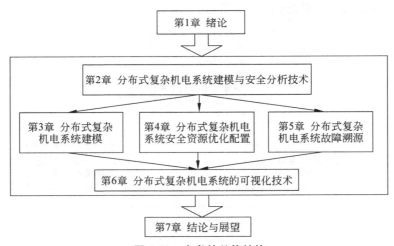

图 1-10 本书的总体结构

第 2 章

分布式复杂机电系统建模与安全分析技术

分布式复杂机电系统相对于一般系统而言,其结构、功能和故障等更具分布性、复杂性,并涉及多个专业和多种学科的知识。分布式复杂机电系统的生产具有连续性强、自动化程度高、生产工艺条件苛刻、过程危险性大等特点,只要任何一个微小的单元异常或失效,就有可能通过网络的级联与传播带来整个系统的安全问题。因此,研究可行的、有效的分布式复杂机电系统建模与安全分析技术具有重要的科学理论意义和实际应用价值。本章根据分布式复杂机电系统的特点,针对存在于系统中的安全问题等进行分析与介绍,阐述分布式复杂机电系统建模与安全分析等若干关键技术,并对关键技术的研究内容进行详细说明。

2.1 分布式复杂机电系统的特征

分布式复杂机电系统具有占据空间大、分布范围广、组成要素多、耦合关系复杂的特点,并且涉及多个领域,覆盖多个学科,包含多种专业知识(如物理学、化学、生物学、信息科学、管理科学等),因而系统具备多种功能,能够完成多种任务。系统内部存在着物质流、信息流、能量流、控制流等多种介质,系统单元通过这些介质相互耦合与作用。系统的加工生产过程中包含了许多物理和化学过程,并伴随多种能量形式相互传递和转换。系统利用复杂机电装置、自动化智能手段、网络通信技术实现各个单元相互协同运作,形成一个具有分布性的复杂网络形式的有机统一体,这就是分布式复杂机电系统的基本特征[43-52]。

分布式复杂机电系统的状况[88,89]如下。

（1）生产装置大型化,过程连续性强。

目前,分布式复杂机电系统的生产装置规模越来越大,例如,化工行业的乙烯装置生产规模能够达到年产 45 万吨以上,合成氨装置生产规模能够达到年产 35 万吨以上,炼油生产装置生产规模能够达到年产 500 万吨以上,而且有向更大规模发展的趋势。产品的制取要经过多种复杂的生产工序,工序之间相互协调、相互制约。生产装置按照要求分布在不同的区域,这些区域一般通过管道等传输装置形成相互连接。生产具有高度的连续性和周期性。整个生产严密组织、协同工作,形成一个有机的统一体。

（2）工艺和装备复杂,自动化程度高。

例如,化工生产从原料到产品要经过多道工序和复杂的加工单元,并通过多次化学反应和物理处理才能最终完成,生产工艺和生产装置都非常复杂。为了满足工业生产的需要,通常要有供电、供水、供热等庞大的附属系统。生产过程中使用的各种反应器、容器、控制器、连接器等必须通过使用先进的技术,如自动控制、安全联锁、信号报警装置和监控设备进行控制,协同统一地工作,以保障系统任何一个环节都不出差错。

（3）生产危险性大。

分布式复杂机电系统的运营条件苛刻,通常具有高速、高温、深冷、高压、真空等特性,这些都积蓄着大的能量。生产材料多数属于易燃易爆物质。生产中有毒物质普遍地大量存在。它们以气体、液体和固体 3 种状态存在,并随生产条件的变化而不断改变原来的状态。生产中还有一些有害的因素,如工业噪声、高温、粉尘、射线等。工业生产过程中存在腐蚀性。除了化学性腐蚀(如工艺过程中常用的酸、碱等)之外,还有物理性腐蚀和电腐蚀。腐蚀性的危害极大,轻则造成经济损失,重则引发事故。

分布式复杂机电系统普遍具有以下特点。

(1) 复杂性[44]。

系统的复杂性不仅指系统拥有数量众多和种类繁多的结构单元,而且指它们之间存在各种复杂的耦合关系。另外,系统为完成指定的功能,集成了多个学科的专业知识。对于一个中等规模的系统,其组成设备一般多达几十万个。这些设备可能是机械设备、电器设备或电子信息智能设备等。设备之间的耦合表现为物质流、电流、控制流和信息流。设备之间通过耦合相互关联,这种关联可以在任意两个设备之间。关联的表达可以是直观的物理量,例如流量、压力、温度,也可以是较为抽象的特性量描述,例如概率、误码率等。这些情况都使得系统变得多样而复杂。

(2) 分布性。

分布性是指组成系统的单元广泛地分布在不同的地域或空间中。例如,石油输送系统主要由动力设备、输送管道、监控设备等组成,这些系统设备可能分布在数千千米的范围内,但它们之间是相互联系的,并且协同完成油料输送任务。又如,航空运输系统由飞机、导航卫星等组成,它不仅在地域上是分布的,在空间上也是分布的,这些分布的单元也是相互联系的,任何一部分都不允许出问题。系统的分布特性是由系统本身的性质决定的,例如通信基站分布特性越强越好。有些系统的设施必须遵照一定的距离与空间要求设计。正是由于系统的分布性才带来了系统的复杂性。系统的分布性与复杂性导致了系统故障的隐蔽性、传播性以及涌现性等。

(3) 系统性。

分布式复杂机电系统由众多的单元组成,任何一个单元失效都会导致整个系统不能正常工作,因此分布式复杂机电系统都具有系统性。考察系统的性能要用系统的观点评价,任何一个部件的性能都不能代表整个系统的性能。研究一个系统不能孤立地看待问题,既要研究系统组成要素的特性,也要研究各要素在整个系统中的作用,还要研究要素之间的相互作用与相互影响,即综合效应、整体优势。要素之间的作用和影响既有可能是正面的,也有可能是负面的。

(4)网络特性。

网络特性是指系统组成单元通过逻辑关系相互交织,形成网络。需要说明的是,系统的单元有大有小,逻辑关系有强有弱。位于系统网络上的不同节点单元的功能和作用是不同的,它们之间又是相互影响的,往往会产生 A 节点的故障在 B 节点上表现出来的现象。所以,首先必须清楚地了解系统中每一个节点的属性与工作状况,然后正确评价某个节点在系统网络中的功能和作用。

(5)相关性。

相关性是指系统组成单元之间存在的一种或多种联系。相关性普遍存在于分布式复杂机电系统中,这种相关性既有可能是一个常量,也有可能是遵从某种规律增大或减小的变量。系统设计就是根据要素的相关性进行的。在本研究中,我们认为任意节点之间都是相关的,不相关实际上可以视为相关值为零。相关性在系统模型中表示为边以及边的参数。相关性是有条件的,不存在无条件的相关性。

(6)动态性。

动态性是指任何系统都不是静止不动的,而是在不停地运动着、变化着、发展着,包括设备更换、技术进步、结构组织的重组等。因此,建立的系统模型也是动态的,这种动态性表现为结构的变化和参数的变化。

掌握和认识分布式复杂机电系统的特点是做好系统建模与安全分析工作的基础。

2.2 分布式复杂机电系统的安全

2.2.1 系统安全与危险

人们常说的系统安全是指系统能够正常工作,不发生事故。导致事故发生的条件是有危险源的存在。一般认为危险源是可能导致事故的潜在不安全因素。系统中不可避免地存在着某些危险源。系统安全的基本内容就是通过一定的手段辨识系统的危险源,并采取措施消除和控制系统中的危险源,保障系统的安全运行。危险源导致的事故会造成人员伤亡、设备损坏、财产损失或环境污染等后果。部分危险源在没有触发之前是潜在的,不易被人们认识和防控,因此需要通过一定的方法进行辨识和评价。

在由危险演变为事故的过程中,危险是根源,诱发因素是条件,如图 2-1 所示。

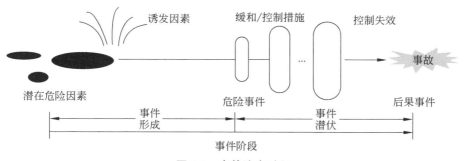

图 2-1 事故演变过程

对于存在危险源的系统,需要诱发因素才能造成事故的发生。危险有程度的区分,不同数量的危险物质或者不同大小的能量物质所显现的危险性是不同的,被引发为事故的可能性也会不同。因此,查明危险源的存在情况和诱发因素是危险源辨识的重要环节。危险源的存在情况大致可以概括为储存位置要求、物理状态要求(如温度、压力等)、使用设备要求、防护措施、操作方法等。诱发因素有人为因素和自然因素。例如,操作员按错按钮、阀门堵塞等都会造成事故。造成事故的事件可分为危险事件和后果事件。危险事件是系统功能失效或物理破坏;后果事件会造成一定程度的恶性后果,将直接导致人员伤亡、财产损失、环境破坏等后果。因此,只有清楚地认识到危险,掌握危险发展成事故的过程,才能采取合理的方式控制或消除事故的发生。只有对危险以及事故演变机理与本质有比较好的把握,才能控制系统危险的发生,保障系统安全运行。

2.2.2　系统安全事故的特点

系统安全事故具有以下特点。

1. 复杂性

复杂性是指系统安全事故不能精确描述。系统组成单元众多,耦合关系复杂,这就导致事故后果与事故原因之间表现出极其错综复杂的关系,同一种事故后果往往对应着多种事故诱发因素,一种事故诱发因素可能会造成多种事故后果。这种事故后果与事故原因之间不明确的对应关系使得系统安全事故具有极大的复杂性。

2. 因果性

事故的因果性是指事故的产生是有原因的,无缘无故的事故是不存在。事故可能是单个诱发因素引起的,也可能是多种原因共同作用的结果。对于多因素情况,在分析系统事故时要找主要原因,着重实质。事故的因果性是复杂系统相关性的一种表现。只有认清了这些事故发生的机理,才能更好地采取措施控制事故的发生。

3. 随机性

当系统的某些条件或状态发生变化时,可能导致系统多种事故发生,最终事故的出现具有随机性。系统事故的随机性表现为多种因素变化造成的一种可能的结果和一种因素变化造成的多种可能的结果。事故的随机性是有规律的,在实际应用中可以借助解决随机性事件的方法将系统事故的不确定性转化为确定性,指导企业安全生产。

4. 动态性

事故的发生涉及多种因素,任何一种因素的变化都会对事故结果产生不同程度的影响,在一定程度内使事故表现出动态性。人们认识事故往往受到诸多条件和手段的限制,对某种事故的认识一般是在某个程度上的认识。要更好地控制事故的发生,就要掌握更多的事故原因信息,找到决定事故发生的根本因素,采取有效的控制措施。

5. 涌现性[90]

系统出现了整体具有而局部此前不具有的功能或要素,这种现象称为涌现(emergence)。由于系统的涌现性,从低层次到高层次,从局部到整体,不但会在功能和要素上出现量的增加,还会出现质的变化。涌现性是高层次得以出现和系统整体得以存在与发展的需要。

6. 系统敏感性

系统敏感性也称蝴蝶效应特性[91],它说明系统对状态变化的敏感程度,即系统中任何一个极小的改变将会导致系统发生改变的程度;也可认为它是一种非线性特性,即非线性关系的不规则的运动和突变。由于系统具有敏感性,对于系统中一个微小的故障如果不进行及时控制、调节,将会给系统带来大的事故。

2.3　分布式复杂机电系统建模与安全分析的关系

2.3.1　系统安全的分类

系统安全研究就是从安全的角度出发,认识系统中存在的危险性,对系统中可导致故障或事故发生的各种情况进行分析,辨识存在的危险源,并运用系统工程等分析手段消除或抑制事故的发生[46,53]。根据危险源造成事故发生的直接原因以及对事故发展过程的作用，可将危险源划分为两类：第一类危险源和第二类危险源。前者是指系统发生意外时可能释放危险能量或危险物质的危险源；后者主要指导致能量或危险物质约束或限制措施破坏或失效的各种因素。

常见的第一类危险源如下：

- 提供能量的装置与设备。
- 储能装置与设备。
- 能量转换装置与设备。
- 控制能量的装置与设备。
- 各种危险物质，如有毒、有害、可燃烧爆炸的物质等。

第二类危险源通常概括为人、物、环境3方面。

安全工作中人的不安全因素指违反安全操作规程和污染环境的行为，这将直接导致安全事故发生。人的不安全因素诱发第一类危险源发生事故。

物的不安全因素主要指物的不安全状态，即机械设备、物质等不符合安全指标要求，例如裸露的高速动设备等。

环境的不安全因素近些年也比较普遍，如地震、洪灾、森林火险等。

可以看出，第二类危险源往往是通过作用于第一类危险源造成事故。

上述两类危险源是相互联系的，任何事故的发生都是它们共同作用的结果。第一类危险源决定事故后果的严重程度；第二类危险源决定事故发生的可能性。在企业安全生产中，从理论上说第一类危险源在最初设计、建设时已经得到了必要的控制，因此安全工作的重点对象是第二类危险源。

危险源的控制大致分为3方面：技术控制、人为控制和管理控制。

本研究主要从技术层面考虑系统的安全问题。

2.3.2　系统建模与安全分析的关系

当前,针对分布式复杂机电系统安全性问题,国家相关管理部门提出了许多技术规范,同时也出现了大量关于系统安全性的科研文献。在相关的技术规范中,安全性控制方法基本上停留在基本的控制方法和安全管理的层面,如安全检查表法和故障树分析方法;科研文献中的相关研究大多数是具体的方法或针对具体问题的安全性工作。目前,关于安全性问题的系统、完整的描述与控制方法研究相对少见。很多研究只是对故障问题进行信号特征提取,然后通过分析实现问题的故障诊断。传统的故障诊断方法主要针对转子、往复运行物体等单台设备的故障问题,对系统的安全问题缺乏整体考虑,忽略了小部件、高频发的故障带来的系统安全问题。

在"面向化工生产装置的系统安全分析方法与风险控制技术研究"和"石化设备群的故障诊断与健康状态管理系统研究及开发"两项重大课题的研究中,我们认为,目前石化工业的生产装置及其系统的安全问题的实质是对分布式复杂机电系统的整体安全的认识和控制等问题。因此,本书确定了4方面的研究内容,即系统建模研究、系统安全资源优化配置研究、系统故障溯源技术和系统模型自动生成算法研究以及系统维护维修应用研究。

系统模型代表一个真实的系统,因此它的正确性是系统安全分析的根本。本研究从机理性角度认识和描述分布式复杂机电系统。组成系统的物理单元是描述系统模型所依赖的基础。正是这些物理单元承载着系统的各种任务和功能,它们必须是有效和正常的,在不同的工艺要求条件下各个单元才能发挥其应有的功能。对整体系统而言,各个单元必须协同工作。单元协同就要求每个单元必须按照指定的要求或者范围工作。而这种协同是动态的,对于不同的工艺要求或任务要求,各个单元必须进行相应的协同变化。在系统协同工作的过程中,不同单元的工作协同能力是不同的,承受能力较弱或者说容易失效的单元通常被视为系统中的薄弱环节或瓶颈。因此,必须按照系统的组成结构建立系统的描述性模型,在系统动态变化过程中,能够依据系统模型快速辨识这些薄弱点,及时调整系统的相关单元的协同参数,使系统在稳定的状态下工作,这就是系统建模的目的。

本研究基于上述认识,使用了 DAG 模型对系统进行描述,建模实现了对系统的认识与刻画,并最终以模型的方式呈现系统。因此,模型必须能够精确地反映整个系统。基于模型分析解决系统安全问题是模型的一个重要功能。系统安全资源优化配置研究是基于前期系统所建模型的研究,系统配置目标是在现有资源约束条件下投资最小、安全性最高。系统资源优化配置采用一种合适的方法,能够根据系统模型节点单元的薄弱程度进行配置,使整个系统安全性最高。另外,在系统出现异常的征兆时,由于系统的分布性与复杂性,其真正原因通常不是其征兆单元本身,而是其他单元没有按照指定的要求工作,通过系统网络的关联影响以及影响的传播与放大,最后在系统的某个单元上以一种形式表现出来的现象。因此,系统安全中最为常见的又一个问题就是系统异常时如何定位系统的故障源,即故障溯源。故障溯源也是以系统模型为基础实现的。系统安全技术的应用实现也是本研究中的一个重要的问题,本研究提出了系统模型自动生成算法,为系统安全工程提供了一座连接理论与实践的桥梁。所有这些工作始终贯穿在整个分布式复杂机电系统的日常维护维修决策过程当中。因此,本研究主要内容包括系统建模、资源优化配置、故障溯源以及模型自动生成算法 4 方面。本研究以系统安全为核心,以系统建模为基础,以自动模型生成算法为桥梁,实现系统的资源优化配置与故障溯源工作。

2.4   分布式复杂机电系统建模与安全分析研究的内容

分布式复杂机电系统建模与安全分析的各研究内容相互衔接、相互联系,并能独立应用于生产过程,完成系统的安全保障工作。本研究从系统的机理性角度考虑系统建模与安全分析的问题,即研究组成系统的物理单元、单元形成的组织结构以及单元之间的耦合关系。系统的物理单元大到一个子系统,一套装备,小到零部件,开关阀等。系统内部耦合了物质流、能量流、控制流和信息流等多种介质。系统的物理单元通过系统逻辑形成统一的有机体。系统的物理组成形成了系统定性结构;耦合关系是对系统定量方式的刻画,形成定量表达,因此,整个模型既有系统定性结构,也有关系的定量描述。基于这些认识基础,依据解决问题的逻辑关系,形成了本研究的体系结构,如图 2-2 所示。

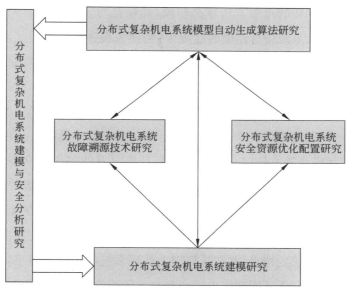

图 2-2　分布式复杂机电系统建模与安全分析研究体系结构

本研究主要包括 4 方面,即系统建模研究、系统安全资源优化配置研究、系统故障溯源技术研究、系统模型自动生成算法研究。系统建模是为了精确地刻画分布式复杂机电系统而进行的一种抽象表示,它是系统安全资源优化配置研究、系统故障溯源技术研究的基础。系统安全资源优化配置是在现有的条件下实现系统安全性最高、费用最小的方法,这是应用企业的所追求的一个理想目标。系统故障溯源技术是在一定的理论支持条件下快速、有效地确定系统故障源的方法。系统模型自动生成算法是保障系统安全技术的应用基础,为整个研究的应用实现提供可行性支持。在本研究的若干关键技术中,系统建模是基础,系统安全资源优化配置和系统故障溯源技术是保障系统正常生产的必然要求,系统模型自动生成算法则是理论性研究与系统安全工程实现的桥梁。

2.4.1　分布式复杂机电系统建模

解决复杂问题的有效方法就是建模,建模是对复杂事物的一种抽象与简化。在对复杂系统进行建模的过程中,会损失很多信息。因此,建模的目标是应该尽量保证系统原有的信息不损失,精确、有效地实现对原有系统的刻画和描述。那么,采用哪一种方法实现系统的建模,选择哪一种模型对系统进行刻画,这两个问题就显得至关重要,将直接影响后续工作的质量,甚至决定系统问题能否得到解决。目前有代表性的系统模型有分层模型、树状模型、网状模型等。任何一个分布式复杂机电系统都是由众多的单元组成的,单元之间相互耦合与关联。系统的单元可大可小,连接关系有强有弱,整个系统表现出显著的复杂网络特征。可以看出,传统的模型不适合刻画分布式复杂机电系统。为此,本书根据现有系统建模的研究状况,结合分布式复杂机电系统的特点,并在从机理上认识系统的思想指导下,分别提出了面向对象的有向无环图建模方法和有向无环图节点粒度的转换方法。

1. 面向对象的有向无环图建模方法

面向对象的有向无环图建模方法是利用面向对象的分析技术和 DAG 模型对分布式复杂机电系统进行描述与刻画。面向对象的分析技术是把系统中的任何一个具有独立功能的单元以及单元之间的联系看成一个对象,它可以小到一个螺钉、部件,大到一个设备、子系统等。这种方法使系统建模变得简单,大大地降低了建模的难度。DAG 模型使用图的方式表达分布式复杂机电系统的网络拓扑结构。有向无环图目前应用范围很广,有很好的数学理论基础,能解决实际应用中的许多问题。它把需要解决的对象用节点和边的方式表示,同时使用带方向的边表示事件或变量间的联系或影响关系,使用权重表示联系的强弱程度。这种方法不仅能表达模型的定性结构,同时能够实现模型的定量计算。DAG 模型包含了丰富的信息,克服了以往模型单方面定性或定量的不完整性以及二者割裂的缺点。因此,将面向对象的分析技术与 DAG 模型结合刻画分布式复杂系统是非常合适的。

2. DAG 模型节点粒度的转换方法

为满足分布式复杂机电系统不同层面的分析需要,本书在面向对象的有向无环图建模研究的基础上,进一步研究了分布式复杂机电系统 DAG 模型不同节点粒度的确定问题,引入了节点粒度的概念,提出了 DAG 模型节点粒度的转换方法。该方法通过定义嵌套节点,建立节点合并与展开的转换操作机制。在分析模型组成结构形式的基础上定义了转换过程必须遵守的操作规则,详细描述节点合并和展开的操作规程。为保证模型的精确性,从一致性和计算复杂度两方面对模型性能进行评价。DAG 模型的节点粒度转换方法大大地扩展了模型的应用范围,提高了模型的通用性以及模型解决问题的能力。

2.4.2　分布式复杂机电系统安全资源优化配置

在分布式复杂机电系统生命周期的任何阶段,都必须保障其处在合理的、良好的工作状态,从而保障系统安全性。在这种状态下我们认为系统是最优的,因此,分布式复杂机电系统安全资源优化配置成为整个研究中的一个重要问题。系统安全优化配置不同于简单设备的安全优化,不能简单地通过提高设备某个部件的强度、耐磨性、腐蚀性等因素保障系统的安全性,而必须按照一定的理论方法,通过一系列复杂计算完成系统资源优化配置过程。因此,本书在系统 DAG 模型的基础上,进一步研究了系统安全资源优化配置。它是基于系统组成的物理单元进行的安全资源优化配置,因此本书进行了基于动态规划的系统安全资源优化配置研究。

　　分布式复杂机电系统因为设计缺陷、设备长期运行带来的老化不一致、系统加工物质的不均匀和其他系统扰动等原因,有可能造成系统组成结构的某些地方出现薄弱环节或瓶颈问题,如果这些问题得不到及时的发现和处理,会给系统带来很大的安全隐患。因此,本书提出了分布式复杂机电系统安全资源优化配置方法,通过辨识分布式复杂机电系统的关键环节或薄弱环节,使用动态规划的方法对系统安全性进行资源优化配置,增强系统的鲁棒性和稳定性。首先针对系统中流体网、信息网、控制网等多网并存的情况,采用工程统计等方法对系统安全性进行评价。然后针对系统的安全性进行合理的资源配置,保障系统性能最优以及系统内部协调运作。

2.4.3　分布式复杂机电系统故障溯源技术

　　目前,应用分布式复杂机电系统的企业面临的最为急切的一个问题是:当系统异常出现时,不能快速、准确地定位系统的故障源,或者根本无从下手解决这种复杂问题。它严重地影响了企业的安全生产。以往对系统故障分析常常使用传统的故障查询表法、故障树模型、故障模式及其影响分析模型查找故障,但这些方法使用在分布式复杂机电系统中相当费时,甚至无果而终。一方面,这些方法不能很好地解决系统故障的隐蔽性和涌现现象;另一方面,这些方法必须穷举所有的故障现象才能建立系统的故障模式,对于由数以万计的单元组成的分布式复杂机电系统而言,建立这种故障模式是不可能的。因此,本书在分析和总结分布式复杂机电系统特性的基础上,把贝叶斯网络应用于分布式复杂机电系统的故障溯源,并验证了这种方法能够准确、有效地定位系统故障源。

　　贝叶斯网络是 DAG 模型的一种特殊形式,其建模方法同样遵循关于分布式复杂机电系统的 DAG 模型的建模规则。贝叶斯网络的故障溯源过程是：将 DAG 模型与贝叶斯概率特性相结合,建立贝叶斯网络模型;然后,利用贝叶斯网络模型具有的能够把未知的、不确定的问题通过变量间的概率分布特性转换成已知的、确定性的问题的特点,辨识系统异常现象故障源。它克服了以往系统建模以单设备为对象、要求建模的故障模式比较确定并且故障现象的集合比较完备的缺点。传统的推理分析模型大多是以层状或树状结构为基础,贝叶斯网络则是以网络模型为推理依据,较好地表达了分布式复杂机电系统的这种交错关联的网络关系。贝叶斯网络是在多种故障影响的情况下从本质上辨识造成系统异常的故障源的方法。

2.4.4　分布式复杂机电系统模型自动生成算法研究

在关于分布式复杂机电系统建模与安全分析的研究中,系统建模是对系统的一种机理性认识,也是系统安全资源优化配置和故障溯源研究工作的基础。系统建模的研究主要集中在系统理论层面,一项非常重要的工作就是模型必须能够实际指导生产,这样才不失科学研究的意义。因此,关于分布式复杂机电系统模型的自动生成算法研究就很自然地成为分布式复杂机电系统研究的又一个重要组成部分。具有一定规模的分布式复杂机电系统能否实现其模型的自动生成过程,决定了后续利用模型进行系统安全资源优化配置、系统故障溯源等安全保障和控制工作的可行性、有效性。

为了解决此问题,本书提出了一种新的基于结构空间的网络模型自动生成算法。本书定义了一个特殊的数据结构用来保存网络模型的基础信息,并按照不同的标准对这些信息进行反复搜索与提取操作,将获得的结果分别保存在定义的不同集合中,形成多个集合。接着,根据集合元素的数量以及集合间的关系对集合元素进行迭代计算,不断地辨识每个集合元素的属性和参数,并逐步完成整个模型的生成过程。

2.4.5　系统建模的研究开发

本书除了对系统建模与安全分析进行理论性研究之外,还开发了一套完整的原型应用系统,将在第 6 章讲述该系统的开发与实现。系统安全分析的研究都是基于系统模型进行的,本书重点讲述系统建模的应用与实现。系统建模主要包括模型基础信息采集、系统参数设置、模型生成、模型仿真 4 部分。为了能够很好地说明系统建模的过程,采用了一个真实的化工企业的一个工段作为系统建模的实例,开发的原型系统也在该企业中得到应用。第 6 章从系统的体系结构、系统的功能等方面对该原型系统进行了详细介绍。关键的功能实现页面采用了截图的方式展现,同时讲述了各模块实现的操作方法。

2.5　本章小结

本章介绍了分布式复杂机电系统的特点,并对系统安全性进行了分析,在此基础上讨论了分布式复杂机电系统建模及安全分析的若干关键技术。本研究中的关键技术包括系统建模、系统安全资源优化配置、系统故障溯源、系统模型自动生成算法以及系统模型应用开发。本章对系统安全性的研究内容进行了详细说明。系统建模主要采用面向对象的思想实现系统模型化,对系统的刻画和描述采用 DAG 模型。本书引入了节点粒度、嵌套节点的概念,并进行了模型变换研究。系统安全资源优化配置的目标主要是最小化资源、最大化安全,采用动态规划方法以及网络流方法对系统安全性进行保障与控制;故障溯源技术采用经典的贝叶斯网络方法,贝叶斯网络是 DAG 模型的典型代表,它通过对概率论的扩展实现查找和定位系统故障源的技术。系统模型自动生成算法研究对一个现有的分布式复杂机电系统模型进行自动生成与表达的方法,为其他系统安全技术的应用实现提供支持。

第 **3** 章

分布式复杂机电系统建模

人们解决复杂问题都会使用建模的方法,建模能使人们的工作变得更加简单和高效,甚至会决定工作能否完成。因此,分布式复杂机电系统建模是实现系统安全性设计、运行与维护的一种重要方法,是系统安全性评估、安全资源优化配置与故障溯源等活动的基础。本章首先对系统建模进行介绍;然后,通过对分布式复杂机电系统的分析提出面向对象的有向无环图建模方法。在建模的基础上进一步研究模型节点粒度的转换方法,并引入节点粒度、嵌套节点等概念,对本章提出的建模方法使用具体的例子说明;最后从完整性、一致性以及模型运行效率等方面对模型性能进行评估。

3.1 系统建模概念及其发展

3.1.1 系统建模的概念

人们常常使用模型分析工作中的复杂问题,它大大地降低了工作的难度。模型可以理解为对事物的一种抽象与刻画,是使用图形、符号或公式等形式表达事物的方法。这种使用图形、符号或者公式建立模型的过程就是建模。为分析问题建立的模型既可以是物理形式的,也可以是逻辑形式的,还可以是二者的结合。例如,人们建工厂、修铁路、造飞机轮船等都需要模型,这些模型多数是物理模型;对于一些复杂的商业过程、管理程序等,解决这些问题需要建立逻辑模型。总之,模型是对事物的抽象,并使用一些符号代表实际事物,使复杂问题简单化,利用模型能够更加有效地解决实际工作中的问题[21,59-61]。

建模是为解决复杂系统问题而采用的一种手段,但对于简单系统就不需要建模。例如,填写一张购物卡,制作一张凳子,就不需要建模。它们很简单,能够直接完成,不需要使用任何模型做指导。这类不需要建模的事物具有以下特点:需要解决的问题清楚;解决方案容易构建;需要较少的人力就能解决此类问题;解决方案很少需要维护;此类系统问题对其他事物的影响不大。

复杂性系统应当建模的一个重要原因在于复杂系统的风险性,复杂系统问题的解决多数需要具有一定专业知识的人,而且需要多人合作才能完成。对于一个复杂系统,如果没有一个系统设计之类的抽象表示就直接着手解决系统问题,则具有很大的盲目性,是不明智的、不经济的和行不通的。指导复杂系统建设的模型具有举足轻重的作用,并成为解决复杂问题的基础,通过模型对系统进行设计、建设、运行、维护与评估,从而避免实施中的各种风险,保障系统的安全性。

3.1.2　系统建模发展状况

系统建模是系统工程研究过程中的一项重要分析方法。根据问题的特点以及解决问题的目的不同,各种模型都有其独特的适用范围。第1章对系统建模已有描述,下面对较为常用的几种模型进行补充和重点介绍,包括层次模型、故障树模型、Petri 网络模型、CIMOSA 模型、有向图模型等。

层次模型是利用抽象技术把复杂问题结构优化,自下而上形成层次关系的模型。在求解时采用由上而下的分层求解方法,不断地删除结构和行为的细节,使复杂问题简化,同时引入约束集判别系统对象的一致性,实现故障的实时求解和精确定位。

　　树状模型中较为常见的是故障树模型,如图 3-1 所示。故障树模型通过对可造成系统故障事件的各因素(人、环境、软硬件)进行分析,找出它们之间的逻辑关系,生成树状图,据此确定它们之间的组合和概率关系,保证系统稳定性。建树难度大,要对系统有深入的了解,顶事件的确定影响逻辑关系的确立和故障树的系统边界范围。在故障树模型中,逻辑门对应事件要清晰,逻辑关系不能紊乱。

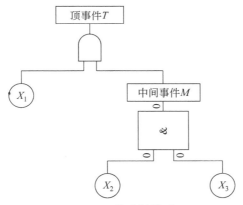

图 3-1　故障树模型

　　Petri 网络模型将 Petri 网络理论和概率论、信息技术等手段相结合,建立变迁集合、有向弧集合、令牌对象等,根据状态变化形成控制策略和操作策略。Petri 网络模型具有较强的复杂系统问题求解能力,同时体现了模块化的设计思想。

　　CIMOSA 是 Computer Integrated Manufacturing Open System Architecture(计算机集成制造开放系统体系结构)的缩写。CIMOSA 模型是一种企业建模的架构,目标是建立机械、计算机和人员的企业级集成。这种架构基于系统生命周期的概念,并且提供一种建模语言,所有方法和支撑技术都支持这种建模目标。

　　这些模型各有其应用特点和适用范围,它们在对分布式复杂机电系统的刻画与表达方面还存在一定的不足。分布式复杂机电系统模型需要表达由众多单元组成的固有的系统结构关系,能够反映系统的多介质耦合的网络特征。层次模型、树状模型不能表达分布式复杂机电系统的网络结构特征;Petri网络模型虽然具有网络特性,但在刻画分布式复杂机电系统中含有连续变化量的关联的情况时会遇到困难。

综合现有系统建模的研究情况以及分布式复杂机电系统的分布性、复杂性和连续性的特点,本书从分布式复杂机电系统依赖的物理单元结构入手建立其模型,并以此作为系统安全分析的基础性模型。因此,本书使用面向对象的分析技术和DAG模型刻画和表达分布式复杂机电系统。为了增强DAG模型的通用性,使模型能解决更多层面的系统问题,本书进一步提出了DAG模型节点粒度的转换方法,为后续系统的安全分析打下了坚实的基础。

3.1.3   分布式复杂机电系统建模分析

分布式复杂机电系统具有占据空间大、分布范围广、组成要素多、耦合关系复杂的基本特征,并且涉及多个领域,覆盖多个学科,包含多种专业。这类系统具备完成多种任务或进行多种加工的能力。系统内部存在多种介质的相互耦合与作用。另外,系统的加工生产包含许多物理和化学过程,并伴随多种能量形式的传递和转换,因此系统中隐藏着危险。系统利用复杂机电装备、自动化智能手段、网络通信技术实现各个单元或子系统的协同运动,形成一个具有分布特性和复杂网络形式的有机统一体。对于这样复杂的系统,分析与控制的最好方法就是对其进行抽象和简化,即系统建模。

分布式复杂机电系统建模就是对现实系统形式化的一个过程,这里使用了数学中的图论方法对系统进行刻画与描述。分布式复杂机电系统是一个有机的整体,采用不同的手段划分(或者切割)一个现有的系统,可以产生有限数量的不同单元,每个单元在系统中都具有单独的功能与作用。而各个单元又通过错综复杂的关系相互耦合,这些耦合又存在强弱、大小等方面的差异。鉴于这些情况,如何建立一个能有效、准确地刻画系统的形式化模型非常关键。因此建立的模型必须能够准确地反映真实的系统,保证在系统出问题的时候利用模型能够有效地解决问题。本书利用面向对象的分析方法为系统建模,根据系统的结构组成关系,使用 DAG 模型表达分布式复杂机电系统。在此基础上进一步对系统模型节点粒度的转换进行了研究,引入了嵌套节点等概念,方便了节点粒度的合成与分解操作。DAG 模型不仅能够表达定性关系,同时也能表达系统的定量关系,所以 DAG 模型既是定性模型也是定量模型。因此,本书在模型的参数确定方面本文也进行了研究,为利用模型实现系统安全资源优化配置和故障溯源提供了定量计算方法。

3.2　系统建模理论基础

为了从本质上刻画分布式复杂机电系统,并为解决系统问题提供基础性支撑,必须选择一种能够很好地表达这种单元众多、关联复杂的系统的模型理论。通过对分布式复杂机电系统的结构形式进行分析可知其网络特性较为明显。因此,考虑使用复杂网络理论对分布式复杂机电系统进行刻画与表达。复杂网络的研究最早出现于数学领域,其理论基础就是图论,它是组合数学的一个分支。图论中的图是由有限的节点及连接两个节点的线所构成的图形,使用这种图形描述某些事物之间的关系,即用节点代表事物,用连接两个节点的线表示两个事物间的关系。数学中的复杂网络有各种类型,如无向的、有向的、加权的等,这些都可以使用图论的语言和符号进行描述。图论不仅为物理学家提供了描述网络的语言和研究的基础,而且其结论和技巧已经被广泛地应用到工业系统的复杂网络研究中。图论,特别是有向无环图已经与数理统计同时成为研究工业系统复杂网络的两大解析方法之一。目前,把图论应用到系统工程领域是一个比较新的研究方向。下面对图论的基本知识进行简要介绍。

图 G 通常使用 (V,E) 表示。其中,集合 $V(V=\{v_1,v_2,\cdots,v_n\})$ 是图的节点集合,用于代表实际系统中的单元;集合 $E(E=\{e_1,e_2,\cdots,e_m\})$ 是图的边集合,集合 $V\times V$ 的一个子集,用于表示实际系统中单元之间的关联关系或相互作用。

以下是图论中的基本概念:

- 无向图。图中节点对 (v_i,v_j) 是无序的,即边 (v_i,v_j) 和边 (v_j,v_i) 相同。

- 有向图。图中节点对 $<v_i,v_j>$ 是有序的,称为从节点 v_i 到节点 v_j 的一条有向边。因此,边 $<v_i,v_j>$ 和边 $<v_j,v_i>$ 是不同的两条边。此时,在节点对 $<v_i,v_j>$ 中,v_i 是有向边的始点,v_j 是有向边的终点。

- 完全图。在有 n 个节点的有向图中,若存在 $n(n-1)$ 条边,则称此图为完全图。

- 完全有向图。在有 n 个节点的有向图中,若存在 $n(n-1)/2$ 条边,则称此图为完全有向图。

- 权。图中边上的数值型参数称为权,表示一个节点到另一个节点的距离、花费的代价及时间等。

- 子图。设有两个图 $G=(V,E)$ 和 $G'=(V',E')$,若 $V'\subseteq V$ 且 $E'\subseteq E$,则称图 G' 是 G 的子图。

- 路径。在图 $G=(V,E)$ 中,若从节点 v_i 出发,经过一些边和节点 $v_{p_1},v_{p_2},\cdots,v_{p_m}$ 到达节点 v_j,则称节点序列 $(v_i,v_{p_1},v_{p_2},\cdots,v_{p_m},v_j)$ 为从节点 v_i 到 v_j 的路径。

- 强连通图。在图 G 中,若对于每一对节点 v_i 和 v_j,都存在一条从 v_i 到 v_j 的路径,则称 G 为强连通图。

- 环。首节点和末节点为同一节点的边称为环（loop）。本书所说的图指的是既没有环也没有两条边连接同一对顶点的图。
- 简单路径。若某条路径上各节点没有互相重复，则称这样的路径为简单路径。
- 简单图。如果图 G 中没有环，就称为简单图，或者更精确地称为有向简单图。在没有特殊说明的情况下，所有出现的图都是简单图。

记图 G 中的顶点数为 $v(G)=|V|$，边数为 $\varepsilon(G)=|E|$，分别称为图 G 的阶和规模，因此，在图 G 中有 $\varepsilon(G) \leqslant v(G)(v(G)-1)$。

图 3-2(a)是 10 阶有向图，顶点集为 $\{1,2,3,4,5,6,7,8,9,10\}$，边集为 $\{<v_1,v_2>,<v_1,v_3>,<v_1,v_4>,<v_2,v_5>,<v_2,v_6>,<v_2,v_7>,<v_3,v_6>,$ $<v_4,v_7>,<v_4,v_8>,<v_6,v_9>,<v_7,v_9>,<v_8,v_10>\}$。图 3-2(b) 是 6 阶无向图，节点集为 $\{v_1,v_2,v_3,v_4,v_5,v_6\}$，边集为 $\{(v_1,v_3),(v_1,v_4),$ $(v_1,v_5),(v_2,v_3),(v_2,v_4),(v_2,v_6),(v_3,v_6),(v_5,v_6)\}$。

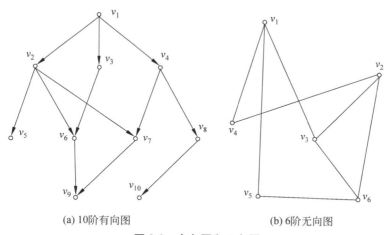

(a) 10阶有向图　　　　　　(b) 6阶无向图

图 3-2　有向图和无向图

在无向图 G 中，与某节点 x 关联的所有边的数目称为 x 的度，用符号 $d_G(x)$ 表示，在不引起混淆的情况下，可以简单地记为 $d(x)$。对于有向图，由于需要区分从节点出去的边和进入节点的边，所以不能简单地用度表示。

这里把以节点 x 为起点的边的数目称为 x 的出度，把以节点 x 为终点的边的数目称为 x 的入度，分别记为 $d^+(x)$ 和 $d^-(x)$。节点的度与边数之间有一个显然的关系，即度数为边数的倍数。

工程上常用有向无环图(DAG)的形式描述一个现实的系统。本书采用面向对象的有向无环图建模方法。

在面向对象的有向无环图的建模研究过程中，本书深入地研究了利用面向对象技术建立分布式复杂机电系统的有向无环图模型的过程，在此基础上又进一步提出了基于对象的有向无环图节点粒度的转换方法。为了便于该方法的说明，引入了节点粒度和嵌套节点等概念。

3.3 面向对象的 DAG 建模

分布式复杂机电系统建模是系统分析研究过程中不可缺少的重要一环，它体现在工业系统的计划、设计、实施到维护的各个阶段中。经常使用的工业系统模型有层次模型、故障树模型、CIMOSA 模型、Petri 网络模型、有向图模型等，相关文章和研究内容见文献[92-97]。有向图模型的使用更具有优势，它建模过程简洁，并能够表达丰富的信息量，方便准确快速地求解系统问题。除了建模工具之外，建模方法也很关键，本书建模使用面向对象的分析方法。面向对象的分析方法的封装性可以使复杂问题简化，使用(接口)方法形成与外部的联系。因此，面向对象的方法和有向图相结合实现分布式复杂机电系统建模，能够使复杂问题变得更加清晰，模型表达更加完整和精确。面向对象的分布式复杂机电系统有向无环图(DAG)建模方法的提出也是对现有工业系统综合分析研究的结果。本节介绍系统建模的过程和系统模型必须满足的规则，使用面向对象的方法对分布式复杂机电系统进行分析，阐述使用此方法建立 DAG 模型的过程，最后通过实例对此模型解决问题的有效性进行验证。

3.3.1　面向对象的建模分析

面向对象一词源于计算机软件开发的技术方法。这种方法的最大特点是方便编程、提高工作效率以及资源共享。现在,面向对象技术远远地超越了原有的使用范围,广泛地应用到分布式系统、CAD、人工智能以及自动控制等领域。

作为一种有效处理事物的方法,面向对象技术具有抽象性、封装性、继承性和多态性等基本特征。

(1) 抽象性。抽象的过程就是提炼事物的本质,忽略不重要的、与目标无关的特征。此过程比较关键,也是形成对象的第一步。

(2) 封装性。封装就是绑定对象的属性和方法,使之结合成一个独立的单位,隐蔽对象的内部细节。封装把对象的全部属性和方法结合在一起,使对象具有独立性。封装后的对象与外部的联系只能通过接口完成。封装的结果实际上降低了对象的复杂性,提高了对象的重用性,从而降低了使用对象的难度。

(3) 继承性。研究的事物既有共性也有个性。在分析过程中如果忽略个性,就不能反映事物之间的关系,不能完整地、正确地对事物进行抽象描述。抽象就是隐藏对象的个性,抽取共性,得到合适的对象集。在抽象的基础上增加对象的个性部分,则能够形成新的层次结构,即继承结构。

(4) 多态性。指对象对于外来的相同的作用或影响能产生不同的反应或结果。

分布式复杂机电系统一般由众多元素组成,元素之间存在复杂的连接和依赖关系,它们连接一起共同完成某项任务。基于这种特点,本书采用面向对象的方法对分布式复杂机电系统进行建模。以下是分析和理解分布式复杂机电系统建模机制的几点重要认识。

(1) 对象就是同一类事物的抽象表示。它利用面向对象技术的抽象性和封装性的特点。分布式复杂机电系统中的任何组成元素均可视为对象，例如一个子系统、一台设备、一个部件、一个零件等。每一种对象都有其内在属性、表现行为以及它与外界之间的关系。这里将对象映射成一种特殊的变量。可以把待解决的问题中的元素（子系统、设备、部件等）表示成模型中的对象。例如，应用面向对象的思想把分布式复杂机电系统抽象为一个大的对象 V。V 又可以划分为包含相互独立、相互联系的 3 部分，记为 V_1、V_2、V_3。这 3 部分之间存在以下关系：$V=V_1 \cup V_2 \cup V_3$。其中，V_1 表示制造设备部分，主要指制造、加工设备和存储单元等有形实体，如机床、动力设备、使用工具、机器人等；V_2 表示信息决策部分，如各种控制器、控制计算机、通信网络设施等；V_3 表示管理决策部分，主要指制造生产计划、物料计划等。

（2）对象之间存在联系，即对象有类型、属性、输入和输出，对象通过这些相互作用产生联系。联系的形成利用了面向对象继承性的特点。分布式复杂机电系统中各组成要素之间通过工作流、物流、信息流、控制流、能量流相互作用，通过量化这种作用为对象传递参数信息，表达对象间的联系程度。参数的大小、多少、有无等为系统提供了定量分析的依据。具体来说，工作流（workflow）主要使对象之间（如 V_1、V_2、V_3 之间）按照某种预定义的规则自动传递文档、信息或任务，从而实现某个预期的业务目标，或者有助于此目标的实现。物流主要是在工件满足工艺约束的前提下，按照一定的时间、空间与加工设备及运输设备的结合，完成加工过程，从而实现物品的流动。分布式复杂机电系统中的加工设备相对独立，它们之间的逻辑联系是通过被加工的产品建立的。信息流可以分为两种：一是由加工产品本身带来的，即加工产品的几何尺寸数据不断地发生变化；二是加工产品在流动过程中与相应的制具（加工设备、辅助工具、运输设备）配合时产生的状态变化，如加工设备的"忙""闲"状态的情况等。

（3）一个对象可以包含另一个对象，并且一个对象也可以拆分为多个对象，因此可以实现分布式复杂机电系统的子系统、设备、部件、零件的抽象与细化。这也体现了面向对象的抽象性、封装性、继承性的特点。

3.3.2 对象的形式化

使用面向对象的抽象和封装方法可以分解分布式复杂机电系统 V 为需要的多个对象的集合,这些对象可以是机电设备、部件或一个子系统等。把对象集合记为 S,则

$$V = \{v_i \mid v_i \in S, i = 1, 2, \cdots, n, n \geqslant 2\} \tag{3-1}$$

式(3-1)中的 v_i 表示 V 中的一个具体对象。

对象之间还存在着关联关系,把这些关联关系的集合记为 E,则

$$E = \{e_j \mid e_j \in S, j = 1, 2, \cdots, m, m \geqslant 1\} \tag{3-2}$$

式(3-2)中 e_j 表示 S 中的一个关联关系。

e_j 连接的 S 中的两个对象之间还存在关联强度的问题,它们满足一定的函数关系,这种函数关系记为 W,则

$$W = \{w_k \mid w_k \in S, k = 1, 2, \cdots, k \geqslant 1\} \tag{3-3}$$

式(3-3)中 w_k 表示 S 中的某一关联强度。

如果 w_k 为 m、n 两要素之间 e_k 的关联强度,则可记为

$$w(e_k) = v_m v_n \tag{3-4}$$

因此,分布式复杂机电系统 S 可用如下数学模型表示:

$$S = \{V, E, W\} \quad \text{或} \quad \text{简记为} \ S = \{V, E\} \tag{3-5}$$

通过以上的数学模型描述,就把 DAG 引入分布式复杂机电系统的模型中,形成分布式复杂机电系统的 DAG 模型。

对使用以上方法构成一个完整的分布式复杂机电系统的 DAG 模型作如下定义:

定义 1 任意分布式复杂机电系统为 DAG 的 $G(V, E)$,记为 $G = (V, E)$。其中,V 是有限非空集合,其元素为系统中的要素对象(设备、部件、子系统、规则等);E 是对象关联的集合。V 和 E 中元素存在对应关系。

$$V=\{v_1,v_2,\cdots,v_n\}, \quad E=\{e_1,e_2,\cdots,e_m\}$$

定义 2　若 G 中的边 e 与节点 u、v 的无序节点对 (u,v) 相对应,则称 e 为无向边,记为 $e=(u,v)$。此时称 e 与两个节点 u 和 v 相互关联,u、v 称为该边的两个端点。此时也称 u 与 v 是邻接的,否则称为不邻接的。关联于同一节点的两条边称为邻接边。

定义 3　分布式复杂机电系统 DAG 中的边 e 与节点 u、v 的有序点对 $<u,v>$ 相对应,e 为有向边,记为 $e=<u,v>$。有向边又称为弧,称 u 为弧头(或始端),称 v 为弧尾(或终端)。

定义 4　分布式复杂机电系统模型图研究中的图都是 DAG(图中的边都是有向边)和简单图(无环且无重数大于 1 的边)。

定义 5　分布式复杂机电系统 DAG 中节点 v 所关联的边数称为节点 v 的度数,记为 $\deg(v)$。

定理 1　分布式复杂机电系统模型图 $G=(V,E)$ 中节点度数的总和等于边数的两倍,即

$$\sum_{v\in V}\deg(v)=2|E| \tag{3-6}$$

推论　分布式复杂机电系统模型图 G 中度数为奇数的节点必为偶数个。

如果 V_1 和 V_2 分别是 G 中奇数度数和偶数度数的节点集,则

$$\sum_{v\in V_1}\deg(v)+\sum_{v\in V_2}\deg(v)=\sum_{v\in V}\deg(v)=2|E| \tag{3-7}$$

由定义 4 可知分布式复杂机电系统模型可用 DAG 矩阵表示。

定义 6　设 $G=(V,E)$ 是有 n 个节点的图,则 n 阶方阵 $\boldsymbol{A}=(a_{ij})$ 称为 G 的邻接矩阵。其中

$$a_{ij}=\begin{cases}1, & <v_i,v_j>\in E \\ 0, & \text{其他}\end{cases} \tag{3-8}$$

用 A^n 表示节点经过 $n-1$ 次关联从 i 到 j 的路径,使用式(3-9)不难算出整个有向图从起点到终点的路径数和路径节点集合。

$$A_{i,j}^n = \sum_k A_{i,k}^{n-1} A_{k,j} \tag{3-9}$$

由上述定义,就可以对 DAG 模型能否符合 3.3.3 节的系统建模规则进行检查了。其中,式(3-1)、式(3-2)、式(3-8)是实现规则检查的基础,式(3-9)应用于规则 1、2、3 的检查,式(3-6)、式(3-7)应用于规则 3、4 的检查。式(3-3)、式(3-4)将应用到 3.4.4 节的应用实例验证中。

3.3.3　面向对象的建模过程和建模规则

1. 系统建模过程

使用面向对象的方法建立分布式复杂机电系统模型的处理过程见图 3-3。首先确定对象,接着确定关联,这两步也就是常说的模型的定性与定量的过程。最后是 DAG 建模过程。

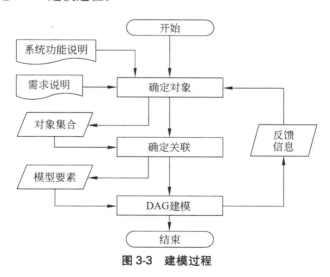

图 3-3　建模过程

(1) 确定对象。标识出来自问题域的相关的具体对象,如图 3-4 所示。所有对象的确定在应用中都必须有意义,在需求说明中,并非所有对象都是明显给出的。一般使用独立设备作为对象,最后形成一个集合,用 $V = \{v_1, v_2, \cdots, v_n\}$ 表示。

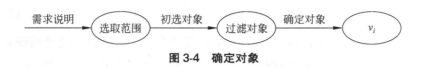

图 3-4　确定对象

（2）确定关联。具体化两个或多个对象之间的相互依赖关系。可选多种方式表达对象间的关联，但必须考虑模型的应用实现，以便设计时更为灵

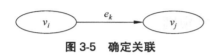

图 3-5　确定关联

活。关联使用的各种流必须是可度量的，以便形成确定的量化值。关联尽量从需求说明的问题中抽取。关联形成的集合用 $E = \{e_1, e_2, \cdots, e_m\}$ 表示，如图 3-5 所示。对象间的关联强度量化值的集合的表示为 $W = \{w_1, w_2, \cdots, w_k\}$。

（3）DAG 建模。最后使用上面确定的对象和对象间的关联等要素建立分布式复杂机电系统的 DAG 模型。它必须满足一定的规则要求，并形成严格的数学形式，这种数学形式是模型解决系统问题的基础和依据。

2. 系统建模规则

分布式复杂机电系统具有以下特点：设备之间耦合性强；各种流按照一定的顺序或方向流动；在一定的温度、压力条件下物质容易发生相变；等等。所以，建立的 DAG 模型必须能够精确反映分布式复杂机电系统的真实情况，确保系统功能的完整性以及系统与模型的一致性。因此，在系统的建模过程中必须遵循一定的规则以保证模型质量。

系统建模规则中使用的符号如表 3-1 所示。

表 3-1　系统建模规则中使用的符号

符　号	说　明
v 或 v_i	表示单个节点
V 或 $\{v_1, v_2, \cdots, v_n\}$	表示所有节点的集合
$V_{i,j}$	表示从节点 v_i 到节点 v_j 的所有节点的集合，即路径集

符　　号	说　　明
$\mathrm{SV}(v_i)$	表示 v_i 的所有前驱节点的集合
$\mathrm{EV}(v_i)$	表示 v_i 的所有后继节点的集合
$\mathrm{Ho}(v_i)$	表示 v_i 的同质节点的集合

在使用 $\mathrm{Ho}(v_i)$ 表示 v_i 的同质节点时,如果 $\mathrm{Ho}(v_i)=\mathrm{Ho}(v_j)$,则认为 v_i 和 v_j 二者为同质节点。

结合分布式复杂机电系统的特点,在进行 DAG 建模时,有以下 4 条必须遵循的规则。

规则 1　建成的 DAG 的节点集合 V 中的所有节点必须是相关的,即

(1) $\exists v_i, v_i \in \mathrm{SV}$; $\exists v_j, v_j \in \mathrm{SV}$。

(2) $\exists V_{i,j}, (V_t = V_{i,j}) \wedge (V_t \neq \varnothing)$。

(3) $\forall V_t, \displaystyle\sum_{t=1}^{n} |V_t| = |V| - 1$。

规则 1 说明,对于任意节点,不论属于前驱节点或后继节点,它们都通过某条路径和其他节点相关联,并且任意节点都属于 DAG 模型的节点集合。这 3 个公式保证所有节点都是相关的,无孤立点,也不会形成不相关的多个子图。它主要是为了解决复杂机电系统建模过程中设备或子系统被遗漏或者考虑不完整的问题。

规则 2　系统 DAG 模型必须保证分布式复杂机电系统的流的顺序,即

(1) $\exists v_i, v_i \in \mathrm{SV}$; $\exists v_j, v_j \in \mathrm{SV}$。

(2) $\exists V_{i,j}, V_{i,j} \neq \varnothing$。

(3) $\forall V_{i,j}, V_{i,j} \neq V_{j,i}$。

规则 2 说明,任意两个节点之间如果在一个方向上是连通的,那么在相反方向就不能连通。这个规则保证建立的 DAG 模型是一个有向无环图,为模型应用分析做基础。在实际应用中,许多加工物质的流动都有次序,流程工业的生产介质流动更是如此。

规则 3   DAG 模型必须保证系统功能的完整性，即

(1) $\exists v_i, v_i \in \mathrm{SV}; \exists v_j, v_j \in \mathrm{SV}$。

(2) $\exists V_{i,j}, V_{i,j} \neq \varnothing$。

(3) $\exists V_{i,j}, \Sigma V_{i,j} = V$。

规则 3 说明，DAG 模型中的任意节点都属于该模型的节点集合。建模时不考虑与系统无关的节点（设备）。

规则 4   DAG 模型必须保持系统功能的一致性，即

(1) $\exists v_i, v_i \in V; \exists v_j (i \neq j), v_j \in V$。

(2) $\exists V_i = V_j, \mathrm{Ho}(v_i) = \mathrm{Ho}(v_j)$。

(3) $\forall \, \mathrm{Ho}(v_i) = \mathrm{Ho}(v_j), \neg \mathrm{Ho}(v_i) = \neg \mathrm{Ho}(v_j)$。

规则 4 说明，相关的节点如果具有相同的性质，那么，它们就被称为同质节点。在建模过程中要考虑同质节点问题，以保证在进行问题分析时同质节点能处在同一层面。这一规则增强了系统解决实际问题的能力。

3.3.4   系统对象的表示

面向对象的方法把系统中的所有组成单元通过抽象、封装的方法形成对象。所以每一类对象可以使用类的方式定义。

1. 节点对象的表示

节点对象的定义如下：

```
package iqs.dao.model.jm;              //模型类包
public class MAppnod {                 //节点类名
    private Long MId;                  //节点 ID
    private String anod;               //节点名称
    private String modelid;            //节点的模型名称
    private String rem;                //节点说明
    public MAppnod() {                 //节点的方法
        ...
    }
```

```
    public Long getMId() {                          //获得节点 ID 的方法
        ...
        return this.MId;
    }
    public void setMId(Long MId) {                  //设置节点 ID 的方法
        ...
        this.MId=MId;
    }
    public String getAnod() {                       //获得节点名称的方法
        ...
        return this.anod;
    }
    public void setAnod(String anod) {              //设置节点名称的方法
        ...
        this.anod=anod;
    }
    ...
}
```

2. 关系(边)对象的表示

对象的定义如下：

```
package iqs.dao.model.jm;
public class MBrela {                               //关系对象类名
    private Long MId;                               //关系 ID
    private String edge;                            //关系名称
    private String nod1;                            //关系的前驱节点
    private String nod2;                            //关系的后继节点
    private String rem;                             //关系说明
    public MBrela() {                               //关系的方法
        ...
    }
    public Long getMId() {                          //获得关系 ID 的方法
        ...
        return this.MId;
    }
    public void setMId(Long MId) {                  //设置关系 ID 的方法
```

```
        ...
        this.MId=MId;
    }
    public String getEdge() {                //获得关系名称的方法
        ...
        return this.edge;
    }
    public void setEdge(String edge) {       //设置关系名称的方法
        ...
        this.edge=edge;
    }
    public String getNod1() {                //获得前驱节点名称的方法
        ...
        return this.nod1;
    }
    public void setNod1(String nod1) {       //设置前驱节点名称的方法
        ...
        this.nod1=nod1;
    }
    public String getNod2() {                //获得后继节点名称的方法
        ...
        return this.nod2;
    }
    public void setNod2(String nod2) {       //设置后继节点名称的方法
        ...
        this.nod2=nod2;
    }
    ...
}
```

3. 接口参数对象的表示

接口参数的定义如下：

```
package iqs.dao.model.jm;
public class MIopara {                       //接口参数类
    private String paraId;                   //接口参数 ID
    private String paraName;                 //接口参数名称
```

```
        private String paraUnit;                        //接口参数单位
        private String rem;                             //接口参数说明
        public MIopara() {                              //接口参数的方法
            ...
        }
        public String getParaId() {                     //获得接口参数 ID 的方法
            ...
            return this.paraId;
        }
        public void setParaId(String paraId) {          //设置接口参数 ID 的方法
            ...
            this.paraId=paraId;
        }
        public String getParaName() {                   //获得接口参数名称的方法
            ...
            return this.paraName;
        }
        public void setParaName(String paraName) {
                                                        //设置接口参数名称的方法
            ...
            this.paraName=paraName;
        }
        public String getParaUnit() {                   //获得接口参数单位的方法
            ...
            return this.paraUnit;
        }
        public void setParaUnit(String paraUnit) {
                                                        //设置接口参数单位的方法
            ...
            this.paraUnit=paraUnit;
        }
        ...
}
```

4. 对象属性的表示

对象属性的定义如下：

```
package iqs.dao.model.jm;
public class MSysAttr {                           //对象属性类名称
    private Long attrId;                          //对象属性 ID
    private String attrName;                      //对象属性名称
    private String rem;                           //对象属性说明
    public MSysAttr() {                           //对象属性的方法
        ...
    }
    public Long getAttrId() {                     //获得对象属性 ID 的方法
        ...
        return attrId;
    }
    public void setAttrId(Long attrId) {     //设置对象属性 ID 的方法
        ...
        this.attrId=attrId;
    }
    public String getAttrName() {                 //获得对象属性名称的方法
        ...
        return this.attrName;
    }
    public void setAttrName(String attrName) {
                                                  //设置对象属性名称的方法
        ...
        this.attrName=attrName;
    }
    ...
}
```

3.3.5　面向对象的 DAG 模型应用

某分布式复杂机电系统的设备连接示意图如图 3-6 所示。组成该系统的设备分为加工设备（$M_1 \sim M_8$）和连接设备（$L_1 \sim L_9$）两类。本书使用面向对象的方法为该分布式复杂机电系统建立一个合理的 DAG 模型，以此详细说明本书提出的方法以及建模过程，并利用该模型分析系统异常产生的原因，阐述 DAG 模型的应用价值。

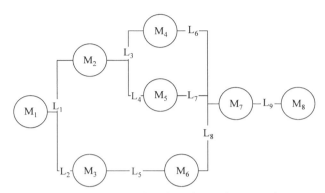

图 3-6　某分布式复杂机电系统的设备连接示意图

首先,使用面向对象的方法建模,定义该分布式复杂机电系统 DAG 模型为 G,对其进行研究。

其次,确定 G 的 V,根据上述方法,设备 $M_1 \sim M_8$ 分别对应分布式复杂机电系统 DAG 模型的节点 $v_1 \sim v_8$。忽略(隐藏或集成)对维护模型对象影响不大和不重要的设备 $L_1 \sim L_9$ 等系统要素。

再次,确定要素的关联 E。根据系统设备的物理特性、单元功能的独立性以及系统维护的需要,确定系统单元元素之间的关联。按照此方法形成了 $e_1 \sim e_9$ 这 9 个系统模型的关联要素。

最后,确定分布式复杂机电系统 DAG 模型的连接强度 W。确定关联强度的方法有很多,传统方法有阈值法、测试法、统计法等。其中,DCS 采集的分布式复杂机电系统的各种设备运行故障数据记录是非常有价值的,是确定系统元素关联强度的重要依据。模型关联强度的评价也是一个重要的研究方向。本章的研究重点在于系统的结构性建模,为了说明问题,在图 3-7 中直接标注了各要素已发生故障的概率统计值作为系统元素的关联强度。

完整的具有分析数据信息的分布式复杂机电系统 DAG 模型如图 3-7 所示。

假设图 3-7 所示的分布式复杂机电系统 DAG 模型为 G,则其节点集为 $V = \{v_1, v_2, v_3, v_4, v_5, v_6, v_7, v_8\}$,边集为 $E = \{e_1, e_2, e_3, e_4, e_5, e_6, e_7, e_8,$

e_9}，形成的所有有向边为：$e_1 = <v_1, v_2>$，$e_2 = <v_1, v_3>$，$e_3 = <v_2, v_4>$，$e_4 = <v_3, v_5>$，$e_5 = <v_3, v_6>$，$e_6 = <v_4, v_7>$，$e_7 = <v_5, v_7>$，$e_8 = <v_6, v_7>$，$e_9 = <v_7, v_8>$。

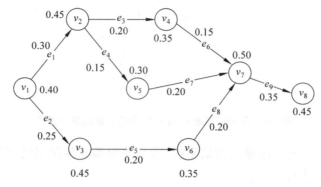

图 3-7 系统 DAG 模型

图 3-7 所示的分布式复杂机电系统 DAG 模型 $G = (V, E)$ 是一个具有 8 个节点的图。为了进行后续的模型应用研究，模型通常采用矩阵的形式。在进行系统自动化建模的过程中，矩阵能够很容易地保存在一个数据表中，自动化程序通过访问数据表获得模型的数据。因此，这个具有 8 个节点的 DAG 模型图形成的 8 阶方阵 Z 也称为 G 的邻接矩阵。矩阵 Z 表示为

$$Z = \begin{bmatrix} 0 & 1 & 1 & 0 & 0 & 0 & 0 & 0 \\ 0 & 0 & 0 & 1 & 1 & 0 & 0 & 0 \\ 0 & 0 & 0 & 0 & 0 & 1 & 0 & 0 \\ 0 & 0 & 0 & 0 & 0 & 0 & 1 & 0 \\ 0 & 0 & 0 & 0 & 0 & 0 & 1 & 0 \\ 0 & 0 & 0 & 0 & 0 & 0 & 1 & 0 \\ 0 & 0 & 0 & 0 & 0 & 0 & 0 & 1 \\ 0 & 0 & 0 & 0 & 0 & 0 & 0 & 0 \end{bmatrix}$$

在节点 v_8 表现异常时，利用图 3-7 中各素对应的状态值可以判断最有可能导致此异常的节点。

根据图 3-7 中给出的数据,并利用贝叶斯原理,可以计算出发生故障时每条边对应的前驱节点对后继节点的影响。各条边对应的前驱节点与后继节点分别为:$e_1 = <v_1, v_2>, e_2 = <v_1, v_3>, e_3 = <v_2, v_4>, e_4 = <v_3, v_5>, e_5 = <v_3, v_6>, e_6 = <v_4, v_7>, e_7 = <v_5, v_7>, e_8 = <v_6, v_7>, e_9 = <v_7, v_8>$。它们对应的后验条件概率分别为 $0.27, 0.22, 0.26, 0.23, 0.26, 0.11, 0.12, 0.14, 0.39$。

反向搜索可能传播故障的节点,并计算它们的后验条件概率值,具有最大概率值的路径就是最有可能传播故障的路径,这条路径可以使用最大路径求解算法得到。本例中反向搜索后验条件概率值最大的节点,v_8 的前驱节点只有 v_7,因为非相关节点的独立性,v_7 对应的可能性最大的前驱节点为 v_6。按此方法搜索下去,最后得到的最大可能故障传播路径为 $v_1 \rightarrow v_3 \rightarrow v_6 \rightarrow v_7 \rightarrow v_8$。

最后验证最大可能故障传播路径的可信度。路径上的任意点都可能成为系统故障传播源,任意点的状态信息都可以通过系统检测数据得到,和可信度区间比较,然后映射为 5 种故障状态之一。假设 v_1 的故障状态为"严重",对应的可信度值为 0.7。可信度的传递为:当前节点的可信度值与故障发生可能性的乘积为下一节点或边的可信度值。沿着最大可能故障传播路径传播到节点 v_8 的最大可信度值为 0.000 087。将此值与设备设定的故障阈值相比较。如果此值大于设备设定的故障阈值,则认为 v_1 是引发故障的源节点;否则,删除此路径,重新进行搜索,直到 v_8 的故障状态解除为止。

面向对象的分布式复杂机电系统 DAG 模型能够应用到更多行业,有推广价值。

3.4　DAG 模型节点粒度的转换研究

分布式复杂机电系统建模是系统问题分析的基础性工作,这方面已经有了大量的研究成果[98-106]。出于解决不同问题的需要,对于同一系统可能需要建立多个模型,因此系统建模中节点粒度的确定极为关键。系统模型的节点粒度确定就是对系统功能的切割过程,通常选择的切割原则是以完整的设备为节点粒度。一般来说,确定的节点粒度大,会产生较少的节点对象,处理过程也不那么复杂,能比较快地完成,生成的模型比较抽象,更能体现模型系统的结构,而且计算快,占用资源少;但是这样会忽略很多问题的细节,模型比较粗糙。确定的节点粒度小,则产生较多的节点对象,模型更能体现系统设计的细节,方便整个系统的维护工作,对系统的再设计和改造都有好处;但是这样会使求解问题计算时间较长,同时会耗费大量系统资源。因此,在分布式复杂机电系统建模工作中,节点粒度对系统性能和代价有着十分重要的影响。不同的节点粒度不仅决定了模型的节点对象数量,也决定了求解的计算量、通信量以及结果的精度。在本研究中,首先定义基于对象的有向无环图初始模型,以这种初始模型作为 DAG 模型节点粒度转换的基础,实施节点粒度的转换操作。

3.4.1 节点粒度的转换过程

在分布式复杂机电系统的建模中,节点粒度的转换过程如图 3-8 所示。

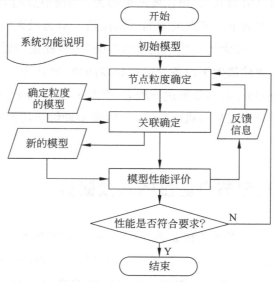

图 3-8 节点粒度的转换过程

初始模型一般是按照自然粒度(即完整的设备)建立的。然后根据待处理问题的需要选取节点粒度的大小,并以此决定对模型的子模型进行合并还是扩展。关联确定是对原有节点对象的关联关系进行的转移,增加或删除等操作过程。生成的新模型将进入模型性能评价,进行系统性能及代价的分析和估算,评估结果作为一种启发式反馈信息提供给新一轮节点粒度转换过程。由此可见,这个过程是迭代进行的。

3.4.2　形式化定义

使用图论的有向无环图表示分布式复杂机电系统的结构模型,其形式化定义为

$$G = (V, E, W), \quad v \in V \tag{3-10}$$

在式(3-10)中,G 表示模型;V 表示 G 中的节点集合;E 表示节点间的关联;W 表示关联强度;v 表示具体的节点,其定义为

$$v = (g, v_i, P, F) \tag{3-11}$$

在式(3-11)中,g 表示该节点包含的子模型对象,v_i 表示该节点的前驱节点,P 表示该节点可接收的参数,F 表示该节点实现的功能。

上述模型 G 中的 E 可以是分布式复杂机电系统中的物质流、能量流、信息流等。G 的 W 使用具体的数值表示,能够客观、精确地反映节点的真实情况。式(3-11)体现了有向无环图中节点与模型的相互嵌套和递归机制,因此 v 也称为嵌套节点。

图 3-9(a)是某化工燃油系统的设备连接图,该系统由 4 个子系统组成:供油子系统、供气子系统、燃烧换热子系统和废油处理子系统。图 3-9(b)是该系统的初始模型。

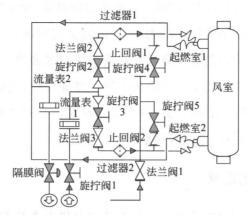

(a) 某化工燃油系统设备连接图

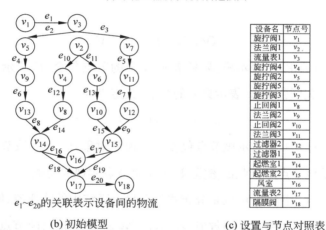

$e_1 \sim e_{20}$ 的关联表示设备间的物流

设备名	节点号
旋拧阀1	v_1
法兰阀1	v_2
流量表1	v_3
旋拧阀4	v_4
旋拧阀2	v_5
旋拧阀5	v_6
旋拧阀3	v_7
止回阀1	v_8
法兰阀2	v_9
止回阀2	v_{10}
法兰阀3	v_{11}
过滤器2	v_{12}
过滤器1	v_{13}
起燃室1	v_{14}
起燃室2	v_{15}
风室	v_{16}
流量表2	v_{17}
隔膜阀	v_{18}

(b) 初始模型   (c) 设置与节点对照表

图 3-9   系统结构与初始模型示例

3.4.3   节点粒度的转换规则

1. 节点粒度的确定

规则 1   被合并节点的集合 V 中的所有节点 v 必须是弱连通的。

$$\forall v_i, v_i \in V \tag{3-12}$$

$$\exists V_{i,j}, V_{j,i}, V_{i,j} \bigcap V_{j,i} \geqslant \varnothing \tag{3-13}$$

$$\forall Vt = V_{i,j}, \ \Big| \bigcup_{t=1}^{n} V_t \Big| = |V| \tag{3-14}$$

式(3-13)中的 $V_{i,j}$ 表示从 V_i 到 V_j 的路径中所有节点集合。

此规则保证系统所有的考察对象都属于系统模型的节点集合,并且所有的节点都存在相关性,不存在与任何其他节点均不相关的节点。这满足了模型的系统性、整体性要求。

规则 2　合并后的节点对象 V 存在如下关系的关联数量。

$$\forall P(v_i), \ \sum_{i=1}^{n} |P(v_i)| \leqslant |V| - 1 \tag{3-15}$$

$$\forall F(v_i), \ \Big| \bigcup_{i=1}^{n} F(v_i) \Big| \leqslant |V| - 1 \tag{3-16}$$

$$\forall B(v_i), \ \Big| \bigcup_{i=1}^{n} B(v_i) \Big| \leqslant |V| - 1 \tag{3-17}$$

式(3-15)中 $P(v_i)$ 表示 v_i 的父节点。式(3-16)中 $F(v)$ 表示 v 的所有前驱节点的集合,n 为 V 中的节点数目。式(3-17)中的 $B(v)$ 表示 v 的所有后继节点的集合。

此规则用于检查节点粒度的转换过程中存在的节点关联数量约束关系。它保障模型转换的正确性。

规则 3　节点粒度转换不能破坏模型的完整性,如图 3-10 所示。

设 v 为合并后生成的新的节点对象。若 v_i 为待合并节点,$v_i \in C(v)$,令 $v_j \in H(v_i)$,则

$$v_j \in C(v) \wedge V_{i,j} \subseteq V \tag{3-18}$$

式(3-18)中 $H(v)$ 表示 v 的所有同质节点的集合,$C(v)$ 表示 v 嵌套的所有子节点的集合。

此规则提出了节点粒度转换的完整性约束。在现实系统中存在一些特殊的连接关系。例如,如果 i 节点和 n_1 节点合并,n_2 节点也必须合并;如果 i 节点和 n_1 节点分离,n_2 节点也必须分离。在这种情况下,n_1 和 n_2 为同质

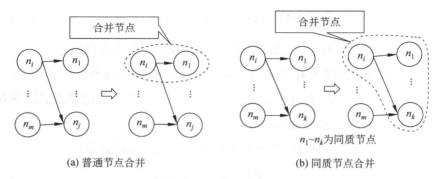

(a) 普通节点合并   (b) 同质节点合并

图 3-10   节点合并的情况

节点。此完整性约束也保障了节点粒度转换的一致性。图 3-10 展示了节点
合并的情况。

规则 4   如果节点 v_p 和 v_t 属于带嵌套节点的节点对象,那么这两个节
点所包含的内部模型必须无公共节点。

$$\forall v_p, v_t, V_{v_p, v_t} \neq \varnothing$$
$$C(v_p) \bigcap C(v_t) = \varnothing \tag{3-19}$$

此规则规定了节点粒度转换操作必须满足节点独立性原则。转换形成
的任何一个节点必须是一个独立的节点对象,具有封装性,带有接口。该规
则为后续利用模型分析问题提供了基础性支撑。

节点合并过程如图 3-11 所示。

节点的展开操作非常简单,按照原有的 G 图恢复即可。

2. 关联关系的确定

图 3-12 列出了节点 i、j 合并的 8 种情形。其中,图 3-12(a)～(f)这 6
种情形属于简单合并,可将两个节点直接合并;对于图 3-12(g)和(h)的这两
情形,需要对合并节点集合的关联节点进行重复性处理。

本研究从两个节点的合并开始。更多节点的关联合并处理是:首先将
两个节点合并为一个节点,进一步与第三个节点合并,这样反复迭代,直至 V
中所有节点都合并完成,关联处理任务完毕。

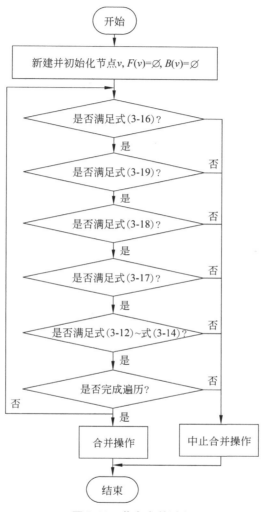

图 3-11　节点合并过程

关联合并流程如图 3-13 所示。

节点对象的关联展开操作只需对原有的模型 G 被合并的节点作相应的恢复即可。

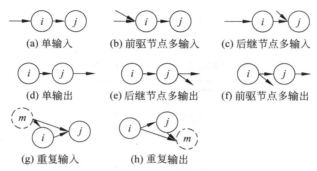

(a) 单输入   (b) 前驱节点多输入   (c) 后继节点多输入

(d) 单输出   (e) 后继节点多输出   (f) 前驱节点多输出

(g) 重复输入   (h) 重复输出

图 3-12　节点合并的 8 种情形

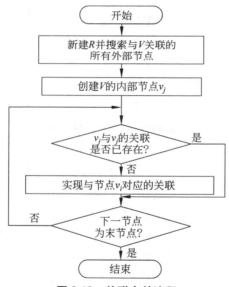

图 3-13　关联合并流程

3. 模型性能评价

1）模型的完整性和一致性

节点粒度转换应保证模型的完整性和转换前后的模型在形式上和功能上的一致性,转换中信息的丢失和变动都会降低模型质量。因此,完整性和一致性是模型性能的重要性能评价指标。首先,本研究在节点粒度转换保持模型完整性方面采用的方法是定义初始模型,使得节点粒度的变化不会丢失原始数据。其次,本研究对节点的操作进行了定义,保证了模型功能的一致性。最后,在转换操作中,通过增加相应的定义符合检查,使合并的正确操作次序得到了保证。节点展开操作是直接对原有模型的节点进行恢复。

2) 计算复杂度

计算复杂度主要针对节点粒度确定过程中的节点遍历以及相应的检查操作。节点的遍历搜索理论上可以视为节点的排列组合过程,这样处理的计算复杂度为 $O(n!)$,其中 n 是搜索的节点数。节点的检查操作是在遍历过程中进行的,假设节点遍历计算复杂度是 $O(n!)$,检查项目数为某一自然数 c,那么,总的计算复杂度为 $O((c+1)n!)$,系统模型计算复杂度仍是 $O(n!)$。节点展开操作是节点合并操作的逆过程,其时间复杂度仍然是 $O(n!)$。

从计算复杂度可以看出,节点数量对模型性能的影响是相当大的。计算时间的增长非常快,n 的大小也就成为建模当中不得不考虑的问题。

3.4.4　应用实例

图 3-14 为图 3-9(b)所示的初始模型的节点粒度转换结果。

合并操作是在图 3-9(b)所示的初始模型的基础上进行的。首先按照 3.4.3 节介绍的方法确定节点粒度,然后确定关联关系。在符合性检查进行到式(3-18)时,判断 v_{14} 和 v_{16} 为同质节点,v_{15} 和 v_{16} 也为同质节点,因此,v_{14} 与 v_{16} 合并,v_{15} 与 v_{16} 也必须合并,这样才符合 3.4.3 节中的规则 3。最后形成的合并节点 v_{0-1} 是一个包含了 3 个节点的节点集,可表示为 $V=(v_{14}, v_{15}, v_{16})$。在确定关联关系时,图 3-14 所示的模型中关联 e_8、e_9、e_{14}、e_{15} 形成新节点对象 v_{0-1} 的前向关联,对应图 3-9 中原有的关联 e_8、e_9、e_{14}、e_{15},图 3-9 中的关联 e_{16}、e_{17} 自动收缩到节点 v_{0-1} 内部不可见,图 3-9 中节点 v_{14}、v_{15} 的

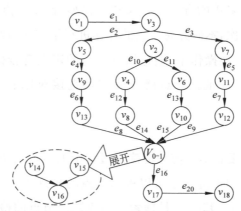

图 3-14　节点粒度转换结果

后继边 e_{18}、e_{19} 合并后为图 3-14 中的 v_{0-1} 的后继边 e_{16}。通过这种合并操作，节点数由 3 个变成 1 个，节省了节点运算和节点通信带来的系统开销。从上述节点的合并操作可以看出，本研究中定义的符合性检查公式能够保证系统节点粒度转换的完整性和一致性。同时可以看出在进行节点数量较多的问题求解时，节点粒度转换是非常有现实意义的。

3.5　DAG 模型评价

　　本章提出了面向对象的分布式复杂机电系统 DAG 模型。通过分析和研究表明，这种建模方法容易掌握，使用方便。在系统动态变化，产生异常时，针对异常状况下的各对象状态求解问题定位准确。DAG 模型的搜索速度较快，应用也相当灵活，很容易找到异常路径，进而确定问题的关键点。把面向对象思想引入分布式复杂机电系统 DAG 的建模问题中，对传统的分布式复杂机电系统分析方法和建模方法也是一种扩展。面向对象的分布式复杂机电系统 DAG 模型也能够为分布式复杂机电系统的安全性、资源优化、设备状态分析评估等提供分析和解决方法。

　　本章进行了分布式复杂机电系统的基于 DAG 的节点粒度转换研究。

节点合并操作是将一组节点连同相关的边封装到新的节点对象中,节点展开操作是恢复原有模型的节点对象。节点粒度转换是以初始模型的节点对象为基础,在满足 3.4.3 节的 4 条规则的条件下进行的合并与展开的过程。在该方法的具体实现中,进行了多种符合性定义以保证转换前后的模型在形式和功能上的一致性。该方法最后还对系统模型性能进行了分析,结论是合并操作和展开操作的时间复杂度均为 $O(n!)$。结果表明,本章提出的粒度转换方法适用于分布式复杂机电系统建模和节点粒度确定。

3.6　本章小结

本章 3.1 节是复杂系统建模简介,分别从什么是建模、系统建模现状、分布式复杂系统建模分析等方面进行了说明。3.2 节讲述了系统建模的理论基础,对网络模型的建模工具——图论及其常用的概念进行了描述。3.3 节讲述了面向对象的 DAG 的建模方法,此方法针对系统建模的复杂性问题。介绍了使用面向对象的分布式复杂机电系统模型关键要素的确定方法,对建立分布式复杂机电系统的 DAG 模型机制作了严格的定义,对系统模型所具有的特性进行了探讨和扩展。3.4 节针对分布式复杂机电系统模型难以确定的问题,提出了 DAG 模型节点粒度变换方法研究。通过引入节点粒度、嵌套节点等概念,实现初始 DAG 模型。在初始模型的基础上定义了转换过程必须遵守的操作规则,依照规则进行节点合并和展开的操作。同时,从一致性和计算复杂度两方面对模型性能进行了评价。最后,以化工燃油控制系统为例,证明了节点粒度转换能够保证模型形式上的一致性和功能上的完整性,并且具有操作简便、高效的特点,因此能够比较好地满足系统建模的需要。

第 **4** 章

分布式复杂机电系统
安全资源优化配置

分布式复杂机电系统安全保障和一般的系统或复杂装备的安全保障是不同的。分布式复杂机电系统由众多单元组成,其任一单元的安全都直接关系到整个系统的安全,并有其独特的重要性。复杂装备核心单元往往决定着整个系统的安全性,故复杂装备只对其核心单元进行监控。在发生故障时,对于分布式复杂机电系统与复杂装备的诊断方法也大不一样,复杂装备的问题多数为物理单元的老化、磨损等与寿命相关的问题,而分布式复杂机电系统的问题还要考虑组成单元之间的故障传播影响。基于上述分析,沿用已有的安全控制方法,如故障树、故障模式分析等,解决分布式复杂机电系统的安全问题显然是不够的。为此,本章提出了基于动态规划的分布式复杂机电系统安全资源优化配置方法。根据系统物理单元耦合所形成的网络特性,使用动态规划方法辨识系统中的薄弱点,并以此作为整个系统安全配置的重点。

4.1　系统安全资源优化配置现状

目前,应用分布式复杂机电系统进行大规模生产的企业频繁出现事故,造成了不同程度的设备毁坏、人员伤亡、环境污染等危害和损失。因此,保障系统安全生产的问题已经成为业界亟待解决的问题,特别是具有连续性特征的分布式复杂机电系统问题尤为突出。分析事故发生的原因可以发现,分布式复杂机电系统设计中存在的固有缺陷、系统长期运行带来的设备老化和不一致以及系统环境因素的扰动等原因造成了系统的某些地方出现薄弱环节或者瓶颈。这些问题如果得不到及时的发现和处理,都将使系统运行不安全。因此,研究分布式复杂机电系统的安全资源优化配置是非常重要的。在分布式复杂机电系统安全资源优化配置方面,目前已有许多深入研究,这些研究主要集中在以下 3 方面:

第一,从复杂系统功能结构方面研究如何建立系统的表示模型[107,108],然后依据模型寻找系统的脆弱点或关键点[109-114],并对脆弱点或关键点的脆弱程度进行评估[115-117],最后实施系统安全资源优化配置,例如关于抽象复杂系统为串并联结构的分析模型及其相应的安全资源优化配置方法的研究。

第二,针对系统安全某一范围或某种特征/特性进行的资源优化配置研究工作[118-124],常见的有基于系统可靠性的研究、基于设备状态的研究、基于设备寿命的研究[125]等。

第三,针对复杂系统安全的控制方法与策略方面的研究[126-134],通常采用蚁群算法、遗传算法、立方算法、粒子群算法等。这类研究多数应用在复杂离散系统或复杂信息系统的安全保障领域[135]以及系统模型基本确定的情况。

然而,上述对于分布式复杂机电系统的安全保障方面的研究还存在一些不足:

(1) 通过简化系统为串并联模型的方法难以表达实际应用中的复杂网

络结构的情形[136]。

（2）基于系统安全范围和特征方面的配置与优化的研究在其特定的应用范围显得较为有效，但未能综合考虑多种因素影响下的系统安全评价的特征量[113]，在进行系统安全资源优化配置过程中很容易产生配置的偏差，造成安全资源控制的失衡。

（3）对于系统安全控制方法与策略方面的研究多数以复杂离散系统或复杂信息系统为研究对象，在与具体的分布式复杂机电系统安全的结合上关注较少[109-111]。

所以，提升现有的安全研究方法应用的广泛性和通用性是一项非常有意义的工作，也是本研究的主要内容。

针对上述情况，本章对分布式复杂机电系统进行安全资源优化配置研究，并提出了基于动态规划的系统安全资源优化配置方法。

4.2 系统安全资源优化配置研究与发展

本节使用的符号如表 4-1 所示。

表 4-1 本节使用的符号

符　号	说　　明	符　号	说　　明
G	一个图	f_j	第 i 项安全重要度
W	事故损失	C	投资额
w_i	第 i 项事故损失	x_i	第 i 项投资额
S	安全单元	E	边的集合
s_i	第 i 个安全单元	V,T,Γ	节点的集合
P	事故概率	$d(i,j)$	节点 i 和节点 j 的距离
p_i	第 i 个事故概率	v_i	第 i 个节点
F	安全重要度		

4.2.1　研究成果

　　分布式复杂机电系统安全资源优化配置的目标是系统安全最优且消耗资源最小。安全资源优化配置方法则依赖于系统固有的模型，采用合适的安全资源优化配置算法是很关键的，它关系到配置结果的正确性。本节从机理上分析系统安全，把系统的组成结构模型作为系统安全的分析模型。以往关于系统安全保障方面的研究文献很多，下面对这些研究进行总结和分类。

　　早期关于复杂系统安全性方面的研究主要集中于故障诊断方面，并且主要针对简单的串联或并联系统，优化方法的核心是构建可行的最优诊断方案。一个串联或并联系统通常被认为是一个组合系统，这个组合系统是由很多个组件按照一定的模式彼此连接而成的。串联系统通常是所有的组件按照一个接一个的方式连成而成的，如图 4-1 所示。并联系统通常是所有组件按并列的方式彼此连接而成的，如图 4-2 所示。如果串联系统的组件是更小的并联子系统，那么它被称作并串联系统；相反，如果并联系统的组件是更小的串联子系统，那么它被称作串并联系统。串联或并联系统的安全性研究开始于 k-n 系统。例如，有研究者提出了通过使用等测试费用的 k-n 系统和通用费用的组件的最优测试程序[137,138]。接着，又有研究者提出了针对串并联系统和并串联系统的最小测试费用的最优测试程序[139]。此后，为最小化检测费用，采用离散值的启发式顺序检测程序。这种方法广泛应用在离散分类的程序中。有研究者通过研究概率分布在系统结构和组件失败概率的不确定性系统中的应用，提出了最优化序列检测方法[140,141]。最近，关于系统的研究被扩展到网络系统等具有更复杂的结构的带串联和并联子系统的混合模型[107-110,140,141]，如图 4-3 所示。

　　具有复杂网络结构的分布式复杂机电系统的最大安全、最小费用成为本研究的焦点。在本研究中，首先使用复杂网络建模的方法对复杂系统进行

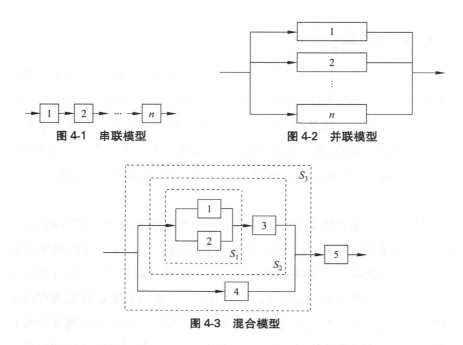

图 4-1　串联模型　　　　图 4-2　并联模型

图 4-3　混合模型

描述。然后确定评估系统安全的特征参数。接下来使用动态规划的方法查
找风险路径,把组成不同风险路径的节点形成一个最优化序列,对于按这种
序列结合的组件反复进行配置。

4.2.2　网络系统的安全

现实世界的分布式复杂机电系统可以认为是一个由多种要素相互关联
的复杂组合。如果使用不同粒度划分一个分布式复杂机电系统,可以得到
不同数量的组成要素,这些要素之间存在不同强弱程度的耦合,通过耦合要
素实现相互的联系。因此,采用面向对象的思想,可以从物理上把一个复杂
系统分解为相互独立的多个要素,再从逻辑上把这些要素之间的多介质耦
合划分为一定数量的关联。这样,要素和关联就形成了一个逻辑上的集合
体,进一步就能够建立真实系统与网络模型之间的精确映射,并得到系统模
型的形式化表示。一个网络系统一般包含节点、关联以及相关参数。采用

面向对象方法,并按照以下步骤就能够建立系统安全资源配置优化的网络模型。

（1）节点对象的确定。节点对象是系统要素的抽象。复杂系统中的任何要素均可视为对象,例如,一个子系统、一台设备、一个零件都可看作对象。每一个对象都有其内在属性和外在的表现行为,并能够与其他对象相互作用。这里将节点对象映射为模型的一种形式化的变量。

（2）关联对象的确定。关联对象就是节点对象之间存在耦合关系。具体来说,系统要素之间的连接,如物质流、能量流、控制流等耦合介质,都可视作关联。

（3）关联强度的确定。系统要素之间的关联是有强弱之分,不同的关联强度表示关联对象相互联系的程度。通过量化联系强度能够为系统安全提供定量的分析依据。

对象可以包含子对象,对象也可以拆分为多个对象,由此可以实现整个系统、子系统、设备、零件的抽象与细化,便于分析模型变量的确定。

因此,使用数学方法中的图 $G(V, E, W)$ 形式化表示一个分布式复杂机电系统是非常合适的,其节点、关联和关联强度分别使用不同的集合表示,例如,节点集合用 V 表示,关联集合用 E 表示,关联强度集合用 W 表示。最终形成的复杂网络模型如图 4-4 所示。

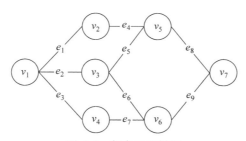

图 4-4　复杂网络模型

为了能更好地对分布式复杂机电系统安全进行评价,进一步把分布式复杂机电系统(S)按照事故发生范围、功能单元或其他具有分布性特点的属性进行划分,假设产生了 n 个划分,每一个划分对应着系统的一个组成要素,记为 $S_i(i=1,2,\cdots,n)$ 或 $S_1,S_2,\cdots,S_n$。划分的要素应具有独立性,也就是任意两个要素 S_i 和 S_j 之间不含公共的元素,记为 $S_i \bigcap S_j=\varnothing$。完成划分以后,然后分别对每一个划分(要素)进行事故损失和事故率的评价。这样就把对复杂系统的安全性评价分解为对要素的安全性评价,大大地降低了评价难度。分布式复杂机电系统的节点粒度参见 3.4 节。

4.3 系统安全特征参数

系统安全指系统按照设计要求运转,不造成人员伤亡、财产(包括生产能力)损失以及环境污染等。情况与此相反时,则称系统不安全,常使用危险一词描述。在一定的条件下,如果系统安全失去控制或防范不周密,就有可能发生事故,造成人员伤亡、财产损失以及环境污染。生产系统在制造、试验、安装、生产和维修的过程中处处存在着安全性问题,因此,任何生产系统在其生命周期内都有可能发生事故,只是表现在事故发生的频率和造成危害的程度不同而已。为了保障系统安全,就必须对生产系统有深入的认识,掌握整个系统的故障发展为事故的演化过程,也就是要充分揭示导致系统不安全的所有危险因素及其形成事故的可能性和发生事故后的损失大小,从而综合衡量系统客观存在的风险大小,据此确定危险性的合理控制方法和防范措施以及进行安全处理后的系统是否达到了行业规定的安全标准等。

本节主要进行分布式复杂机电系统安全的研究,以分布式复杂机电系统中的机电装置为对象,结合分布式复杂机电系统的复杂性特点,如系统组成要素繁多、耦合关系紧密、状态因素多变等,在此基础上分析、控制整个复杂系统的安全性。分布式复杂机电系统不仅具有一般离散制造系统的层次性、功能独立性的特点,也具有信息系统的分布式、耦合性特点。所以,分布式复杂机电系统安全性涉及的范围和内容比一般的机械制造系统的设备可靠性和机电智能设备的信息安全性更加广泛。

分布式复杂机电系统具有复杂性的特点。

（1）离散化系统为各个节点的过程比较复杂。分布式复杂机电系统有很多是通过管道等形成的连续性的生产系统，简单地抽象某一设备节点是不行的。物质的生产加工也是在不同设备之间连续流动的过程，物质的合成和分解是随着环境变化的渐变过程，且多数化学反应是可逆的。确定后的节点性质差别也很大。

（2）确定系统的关联关系的过程比较复杂。节点之间的耦合关系是一种多介质耦合，如物质流、能量流、控制流等。在系统出现问题时，确定使用哪种耦合关系作为解决问题的主要影响因素是很困难的。

（3）确定关联强度的过程也比较复杂。例如，通过一种物质的耦合参数如何量化，而通过多种物质的耦合参数又如何量化，都是比较困难的问题。

这些充分说明了分布式复杂机电系统安全问题的复杂性。

系统安全具有相对性和随机性的特点。系统安全是相对的，安全失控带来的事故后果也是不一样的。一般来说，事故可以按严重性从"灾难性的"到"可忽略的"进行评价。系统事故具有随机性，系统及其组成要素在其生命周期内出现故障的频率是不同的。系统事故发生的频率是有规律的，并且可以通过相应事件的概率分布特性，把不确定性的问题转换为确定性的问题，使用概率值定量描述相应事件在某个时间和空间上发生的可能性。针对系统的相对性和随机性的特点，下面引入事故损失和事故率这两个特征参数。

4.3.1　事故损失

定义 1　系统（或要素）的事故损失 $W(w_1, w_2, \cdots, w_n)$ 用来描述系统（或要素）事故带来的后果的严重程度，事故后果可能是人员伤亡、财产损失、环境污染、社会影响等。假设系统(或要素)$S(s_1, s_2, \cdots, s_n)$对应可能的系统事故损失$W(w_1, w_2, \cdots, w_n)$。

由于分布式复杂机电系统的复杂性,这里采用一种多故障融合的方法,即概率统计方法求解系统要素(节点)的事故损失。事故损失(W或w_i)的主要评价方法是价值核算[141,143],即把所有因安全事故造成的损失或影响都统一折算成经济损失。它包括经济损失(W_e)与非经济损失(W_u)。经济损失是指可以计算或理论上可以计算的那部分损失,又可分为直接经济损失(W_{ed})和间接经济损失(W_{ei})。总的经济损失可表示为

$$W = W_e + W_u \tag{4-1}$$

上述分类还可以继续细分,直接经济损失又分为人员伤亡、财产损失、环境污染3个小类,非经济损失又可分为停产减产损失、社会负面影响损失、人员重组培训、技术革新4个小类,因此

$$\begin{aligned} W &= W_e + W_u \\ &= (W_1 + W_2 + W_3) + (W_4 + W_5 + W_6 + W_7) \end{aligned} \tag{4-2}$$

假设某个事故的经济损失最终分为m个小类,则总的事故损失W为

$$W = \sum_{k=0}^{m} w_k \tag{4-3}$$

使用上面介绍的事故损失计算方法得到的事故损失值作为系统安全资源配置优化的特征参数存在很大的偏差。为了提高资源配置的精度,进一步做如下处理。

假设在某要素在其生命周期范围内经过n次事故的维护维修后即作报废处理,那么有$n(i=1,2,\cdots,n)$个事故的损失,每个事故的损失又具有上述$m(j=1,2,\cdots,m)$个属性指标的经济损失,则第i个事故的第j个属性指标值为w_{ij},其全体构成一个$m \times n$的指标矩阵:

$$\boldsymbol{M}_w = (w_{ij})_{m \times n} \tag{4-4}$$

接着求矩阵M_w的期望值:

$$W = (n+m)^{-1} \sum_{i=1}^{n} \sum_{j=1}^{m} w_{ij} \qquad (4\text{-}5)$$

使用式(4-5)进行期望值计算明显比式(4-3)更加详细,因此采用式(4-5)获得要素的事故损失值更合理。

4.3.2　事故率

定义 2　系统(或要素)的事故率 $P(p_1, p_2, \cdots, p_n)$ 用来描述系统(或要素)事故出现的频率或者系统(或要素)事故出现的可能性。假设系统(或要素)事故率 $P(p_1, p_2, \cdots, p_n)$ 与系统(或要素)$S(s_1, s_2, \cdots, s_n)$ 相对应。

通常情况下,系统事故率与多种因素相关联,按照一定理论方法能够得到一个实际的事故率。例如,"浴盆曲线"表明一个复杂系统或设备的故障率的变化多呈现为一条类似浴盆形的曲线。故障期的事故率基本保持不变,服从指数分布。故障期设备因老化、腐蚀、磨损、疲劳等原因,事故率随着运转时间的增加而逐渐上升,其分布近似于正态分布。但是,事故率不会因为实际中某设备的事故发生与否而受到影响。

结合分布式复杂机电系统安全的复杂性特点和实际状况,下面介绍使用灰色预测方法对系统的事故率进行估计的过程。由于分布式复杂机电系统具有信息不完备、事故率数据样本少的特性,因此适合使用灰色理论求解事故率[144,145]。假设事故率数据是通过等时间间隔获得的时序统计量,统计得到的 n 个事故率就可以构成一组原始序列,下面是其向量表示:

$$\boldsymbol{p}^{(0)} = \{p^{(0)}(1), p^{(0)}(2), \cdots, p^{(0)}(n)\} \qquad (4\text{-}6)$$

因为它是一组不完全、小样本的灰色信息量,并且具有很强的随机性,所以要对这些数据进行处理,生成更多有用的信息。这里采用一次累加序列进行数据处理。生成的一次累加序列为

$$\boldsymbol{p}^{(1)} = \{p^{(1)}(1), p^{(1)}(2), \cdots, p^{(1)}(n)\} \qquad (4\text{-}7)$$

式(4-7)中 $\boldsymbol{p}^{(1)}$ 就是通过一次累加生成的序列。序列元素生成方法如下:

$$p^{(1)}(k) = \sum_{i=1}^{k} p^{(0)}(i) \quad k = 1,2,\cdots,n$$

对累加生成的函数用线性方法进行拟合,得到如下影子形式的微分方程:

$$\frac{\mathrm{d}p^{(1)}(t)}{\mathrm{d}t} + ap^{(1)}(t) = u \tag{4-8}$$

对该微分方程进行离散化处理:

$$p^{(1)}(k+1) = \left(p^{(0)}(1) - \frac{u}{a}\right)e^{-ak} + \frac{u}{a} \quad k = 1,2,\cdots,n \tag{4-9}$$

式(4-9)表明微分方程的解属于指数函数。只要任意离散点序列不为负值,其一次累加序列就会呈现指数变化规律,因此适合使用指数函数进行拟合。

对于微分方程中的常数 a 和 u 可采用最小二乘法求出。

求得 a 和 u 后,代入式(4-9)计算生成序列的拟合值,其值用 $\bar{p}^{(1)}$ 表示:

$$\bar{p}^{(1)} = \{\bar{p}^{(1)}(1), \bar{p}^{(1)}(2), \cdots, \bar{p}^{(1)}(n)\}$$

再按式(4-10)进行处理,得到累减生成还原序列:

$$p^{(0)}(k+1) = \bar{p}^{(1)}(k+1) - \bar{p}^{(1)}(k) \quad k = 1,2,\cdots,n \tag{4-10}$$

式(4-10)中的 $p^{(0)}(n+1)$ 即为所求的预测结果。

4.3.3　安全重要度

由于系统安全涉及具体的要素、事故损失以及事故率等多种变量,因此,单独使用系统(或要素)对应的事故损失 W(或 w_i)和事故率 P(或 p_i)作为衡量标准,认定系统要素 s_i 的安全重要程度的高低,是不合适的。为此,引入系统安全重要度作为评价指标。

定义 3　系统(或要素)的安全重要度 F(或 f_i)主要与系统(或要素)的事故损失 W(或 w_i)和事故率 P(或 p_i)有关,且是系统(或要素)的事故损失和事故率共同作用的结果,即

$$F = \{(S,W,P)\} \tag{4-11}$$

或

$$f_i = \{(s_i, w_i, p_i) \quad i = 1, 2, \cdots, n\} \tag{4-12}$$

系统(或要素)的安全重要度与事故损失和事故率之间存在如下关系：

$$F = W(S)P(S) \tag{4-13}$$

或

$$f_i = w_i(s_i)p_i(s_i) \tag{4-14}$$

使用安全重要度能够综合衡量系统或要素的当前安全状态。整个系统安全性分析的过程就是求解系统(或要素)安全重要度 F(或 f_i)的过程,即识别系统可能发生的所有事故,确定事故发生的可能性以及安全可能带来的事故损失。

上面讲述了系统特征参数——事故损失 W、故障率 P 的确定问题,并定义了安全重要度 F,同时,给出了它们的确定方法。如果由于系统的复杂性而使参数确定比较困难,也可以采用统计数据、试验数据、专家数据、历史数据、资料数据等获得这些特征参数。目前,分布式复杂机电系统的安全保障基本上采用了自动化程度较高的分布控制系统(Distributed Control System, DCS)代替人工操作以减少人为因素带来的风险,同时,DCS 也记录了系统的各种信息,为问题的分析提供了充足的原始数据。因此,对于上述参数的计算也变得更加容易和精确。即使分析中的设备从未发生过任何事故,通过试验数据、资料数据以及设备寿命分析也能够得到较为近似的系统特征参数值。

4.4　动态规划的系统安全资源优化配置

动态规划的分布式复杂机电系统安全性资源优化配置研究是以组成该系统的网络结构特性以及系统要素的耦合特性为基础,把复杂系统安全分析模型从过去的串并联结构扩展为现在的复杂网络结构。研究采用了系统可靠性、安全性通用的系统特征参数,以此作为系统安全的评估依据。在当前自动智能设备逐步取代人工操作的情况下,使用了事故发生率和事故损失为衡量分布式复杂机电系统安全的主要特征参数。方法突出的特点是动态规划的安全配置与优化可以使系统的脆弱点、瓶颈、关键点等薄弱环节成为主要的配置对象,符合配置目标要求。最后,本文使用了化工供油系统实例来说明使用动态规划方法的优化配置过程,以验证配置与优化的可行性与有效性。

4.4.1　配置分析

经过前面处理我们就能够得到系统的特征参数值,这些值反映整个系统所处的工作状态,有效地利用这些数值对系统安全进行控制即是本节研究的目的。因此,合理的配置理论的支持是非常重要的,它通过对系统进行合理的配置,增强防御风险的能力,消除系统的危险、避免运行中的事故发生。因此,系统安全资源配置优化的过程也就是消除系统危险的过程。

选用配置理论必须考虑以下问题:系统安全问题的复杂性,配置理论能够对大规模的系统全面地进行资源配置;配置理论能够保证系统安全性分析中具有显著影响的危险状态单元优先得到合理配置,也就是系统安全的脆弱点和关键点能够优先得到配置;对于复杂系统的众多要素之间以及与环境之间的相互作用以及系统对扰动的反映随时间动态的改变,配置理论必须能适应;指导安全的配置理论既要考虑系统功能、结构的静态特性,又要考虑系统执行、交互的动态行为。

当前常用的优化方法中较为经典的是动态规划和遗传算法。

动态规划(Dynamic Planning,DP)是一种枚举搜索方法,是解决多阶段决策过程优化问题的一种方法。它是美国数学家 Richard Bellman 在 1951 年提出的。它的思想是:把一个较为复杂的问题分成几个同一类型的更易求解的子问题,然后求出整个问题的最优解。动态规划在多种行业以及现代控制工程等方面都有着广泛的应用。

遗传算法(Genetic Algorithm,GA)是一种模拟生物进化规律的随机化搜索方法。它是由美国的 J.Holland 教授于 1975 年首先提出的。该算法直接对结构化对象进行操作,不存在求导和函数连续性的限定;可以实现内在的隐并行性和全局的寻优能力。遗传算法已经广泛地应用于组合优化、机器学习、信号处理、自适应控制和人工生命等领域。

下面对二者的特点进行比较:

- 在运算精度方面,动态规划的计算结果是精确解。遗传算法无法保证得到最优解,但能够趋近最优解。
- 在系统性能消耗上,使用动态规划必须将递推过程中状态变量离散点存储在计算机内存中,当计算量不大时,动态规划法能够显示出其经典优化算法的优势;当计算数量较大,状态变量离散点增多时,其占用的计算机内存将大幅提升。而遗传算法不必存储这些离散点,只需保留当前代种群,因而减少了需要的计算机内存。
- 在计算效率上,动态规划法相对于遗传算法效率要快得多。但是计算数量的增加,动态规划法的计算时间成指数增长,而这时遗传算法由于算法的并行性,故显示出强大的优势。
- 在计算规模上,动态规划受限于方法本身的特点,不适合运用在大规模系统中。遗传算法具有较强的鲁棒性,适用于大规模复杂系统的计算。

从现有的分布式复杂机电系统的情况看,其模型结构已知,模型的节点数量一般都会不超过 10^3 数量级。相对于遗传算法而言,动态规划与现有模型的结合较为容易,只需把确定的数值代入公式计算即可,因此,在本研究的系统安全资源配置优化研究中选用了动态规划方法。下面以图 4-5 所示的网络系统为例说明动态规划的配置与优化原理。

图 4-5 是一个具有 16 个节点、24 条边的网络系统,边的长度已经标出。

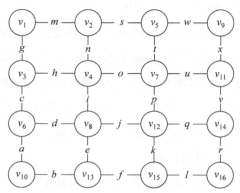

图 4-5　网络系统示例

现在求节点 v_1 到节点 v_{16} 的最短距离。

可以看出,节点 v_1 到节点 v_{16} 有多条路径,具体为 $\begin{pmatrix} 3+3 \\ 3 \end{pmatrix} = 20$ 条路径,问题是求最短路径长度。现在使用动态规划方法把到顶点 T 的最小路径的长度写成通式:

$$d(i,T) = \min_{j \in \Gamma_i} \{ d(i,j) + d(j,T) \} \tag{4-15}$$

其中,$\Gamma_i = \{ j \mid (i,j) \in E, j \in V \}$,这里 E、V 分别是图 4-5 中的边集和节点集。依照式(4-15)就能够逐步求出最优解。

4.4.2　目标函数的建立

按照动态规划原理,对系统安全资源配置进行优化时必须构建优化目标函数。系统安全的保障措施可以是系统升级、设备更换、技术改造、冗余加固、组件隔离、安全知识培训等,以提高整个系统的性能,使系统危险性最小。而这些保障措施最终都是通过对系统进行经济性的投资落实的。所以,在本研究中不论选择哪一种安全保障措施,实施优化配置过程中都统一使用投资作为系统安全资源的度量标准[107,144]。

那么,在系统安全资源配置优化中,使用投资额 C 作为系统安全资源,

使用安全重要度 F 作为配置后系统安全的提升。假设系统 S 由 N 个要素 $s_1, s_2, \cdots, s_n$ 组成,在对应的资源配置中,$C(0, 0, \cdots, 0)$ 是系统安全的初始费用(在此之前,没有任何安全投资),设 $C(x_1, x_2, \cdots, x_n)$ 是加强系统单元 s_1, $s_2, \cdots, s_n$ 的投资 $x_1, x_2, \cdots, x_n$ 后的期望投资。同样,假设总的投资预算是 B,以它作为资源配置的约束条件。因此形成了优化配置的目标函数,系统安全投资将表示为以下问题:

$$\max_{x_1, x_2, \cdots, x_n} C(x_1, x_2, \cdots, x_n)$$

$$\text{s.t.} \sum_{i=1}^{n} x_i \leqslant B \qquad\qquad (4\text{-}16)$$

$$x_i \geqslant 0, \quad i = 1, 2, \cdots, n$$

式(4-16)就是求解配置的目标函数,$C(x_1, x_2, \cdots, x_n)$ 是资源配置的费用,即对 $x_1, x_2, \cdots, x_n$ 的投资。接下来,讨论基于此目标函数的资源配置优化问题。

资源配置的实施可以是材料、设备质量的提高或软件的升级,当然也可以是人力、资金、时间等的投入。由于不同的资源配置对安全状态改变的响应是不同的,对某些要素的投资再多,安全性也不会得到明显提升;而某些要素的投资虽然很小,对安全性的提升作用却相当大,大多数要素的投资和安全性的提升之间的关系可以表示为某种数学函数。因此,资源配置优化就是将一定数量的一种或若干种资源合理分配给若干要素,从而使目标函数最优。

假设对整个系统安全资源配置总的投资预算为 B,分别用于对系统要素 $s_1, s_2, \cdots, s_n$ 进行投资,提升它们的安全性。若分配投资额 x_i 用于第 i 项要素上,那么,其安全性的提升就为 $f_i(x_i)$,并且 $f_i(x_i)$ 为已知函数。现在的问题是如何分配投资使得整个系统的安全性提升最显著。

不难将这个问题转化为下面的数学模型:

$$\max y = \sum_{i=1}^{n} f_i(x_i)$$

$$\text{s.t.} \sum_{i=1}^{n} x_i = B \tag{4-17}$$

$$x_i \geqslant 0, \quad i = 1, 2, \cdots, n$$

当 n 较大时,目标函数的求解将变得很困难。关于 n 取值问题,可参考 3.4 节。然而,由于这类问题具有特殊结构,可以将它看成一个多阶段决策的问题,这样就可以使用动态规划的方法求其最优解。

设 $F_k(x)$ 表示将投资 x 分配给前 k 种要素所得到的最大安全重要度,则由最优原理可导出如下函数递归方程:

$$\begin{cases} F_1(x) = f_1(x) \\ F_k(x) = \max_{0 \leqslant x_k \leqslant x} \{ f_k(x_k) + F_{k-1}(x - x_k) \} \end{cases} \tag{4-18}$$

其中,$0 \leqslant x \leqslant B, k = 2, 3, \cdots, n$。

由式(4-18)即可递推求出 $F_n(B)$。它就是所求问题的最优解,即系统安全性得到的最大提升,与之对应的 x_i 则是要素 i 的投资额。

4.4.3　优化策略

以往的优化方法主要采用模拟最小化系统故障诊断的策略[107,146]。本研究在总结现有成果的基础上提出了一种新的优化处理方法。

以往的优化过程常常通过模拟的方式进行。对于一个复杂系统,为验证每个单元的工作或者失效的状态,必须按照一定序列测试。测试系统的组件时,相应组件的测试费用就会产生。原始的失效概率是已知的,可以通过参考资料和先前的测试结果确定。系统配置的优化过程与此相同。最优测试过程通过模拟这个优化测试过程验证系统的最小期望费用。此方法常常被应用到串联系统、并联系统以及混合系统中。

对于一个复杂系统,它的要素工作或失败的状态必须依次被测试。每个要素初始化时的失败概率都是系统配置的。测试费用被用来作为系统要素的资源配置优化依据。

考虑 n 个独立组件的串行系统,对于所有的组件 $i=1,2,\cdots,n-1$,只有当组件 i 测试结果为工作正常时组件 $i+1$ 才被测试。假设组件 i 的测试费用是 c_i,并且组件 i 的失败概率是 q_i,并设 $p_i=1-q_i$。在串行系统中,组件 $i=1,2,\cdots,n$ 按照以下次序被优化:

$$c_1/q_1 \leqslant c_2/q_2 \leqslant \cdots \leqslant c_n/q_n \tag{4-19}$$

下面给出了它的测试费用:

$$C = c_1 + \sum_{i=2}^{n}\left[\prod_{j=i}^{i-1} p_i\right]c_i \tag{4-20}$$

再考虑 n 个独立组件的并行系统,对于所有的组件 $i=1,2,\cdots,n-1$,只有当组件 i 出现了故障,组件 $i+1$ 才被测试。在并行系统中,组件 $i=1,2,\cdots,n$ 按照以下次序被优化:

$$c_1/p_1 \leqslant c_2/p_2 \leqslant \cdots \leqslant c_n/p_n \tag{4-21}$$

下面是它的测试费用:

$$C = c_1 + \sum_{i=2}^{n}\left[\prod_{j=1}^{i-1} q_j\right]c_i \tag{4-22}$$

复杂的串/并联混合系统可以看作由子系统或组件构成的串联系统或并联系统,而子系统又有可能是由子系统或组件构成的串联系统、并联系统或混合系统。它们的失败概率以及费用可以参照上述方法计算[107]。

图 4-3 所示的系统是一个由子系统 S_3 和要素 5 组成的串联系统。子系统 S_1 是由组件 1 和组件 2 并联组成的。其他的系统可以用同样的方法分析。

串联系统的概率可以使用式(4-23)计算:

$$P(S) = \prod_{i=1}^{n} p_i \tag{4-23}$$

根据式(4-23),能够得到式(4-24):

$$Q(S) = 1 - P(S) \tag{4-24}$$

按照式(4-20),可以获得串联系统的测试费用,计算方法如下:

$$C(S) = c_1 + \sum_{i=2}^{n} \left[\prod_{j=1}^{i-1} p_j \right] c_i \tag{4-25}$$

根据式(4-19),优化序列可以写为

$$C(S_1)/Q(S_1) \leqslant C(S_2)/Q(S_2) \leqslant \cdots \leqslant C(S_n)/Q(S_n) \tag{4-26}$$

根据式(4-20),优化配置费用可以使用式(4-27)计算:

$$C(S) = C(S_1) + \sum_{i=2}^{n} \left[\prod_{j=1}^{i-1} p(S_j) \right] C(S_i) \tag{4-27}$$

并联系统的概率 $Q(S)$ 可以按照式(4-28)计算:

$$Q(S) = \prod_{i=1}^{n} q_i \tag{4-28}$$

依据式(4-28),能够得到式(4-29):

$$P(S) = 1 - Q(S) \tag{4-29}$$

同样,并联系统的期望测试费用可以由式(4-22)推出:

$$C(S) = c_1 + \sum_{i=2}^{n} \left[\prod_{j=1}^{i-1} q_j \right] c_i \tag{4-30}$$

按照式(4-21),优化序列为

$$C(S_1)/P(S_1) \leqslant C(S_2)/P(S_2) \leqslant \cdots \leqslant C(S_n)/P(S_n) \tag{4-31}$$

按照式(4-22),优化配置费用可按照式(4-32)计算:

$$C(S) = C(S_1) + \sum_{i=2}^{n} \left[\prod_{j=1}^{i-1} Q(S_j) \right] C(S_i) \tag{4-32}$$

接下来考虑具有 n 个独立组件的网络模型系统的配置情况。这类结构无论如何抽象与简化,最终都不能形成串/并联系统,上述方法也就不能使用。为此,进行如下处理,最终得到的是按安全重要度从大到小排列的集合序列,在此基础上就可以进行安全资源配置。具体的操作如下:

(1) 在一个复杂系统中,从开始节点到结束节点之间有许多条路径,每条路径上有许多节点。将同一条路径上的节点放在同一个集合中,这样就形成了多个集合。接下来把集合编号。

（2）计算每个集合的安全重要度。集合的安全重要度用集合中元素的安全重要度之和表示。由 n 个元素组成的集合的安全重要度计算如下：

$$F_i = \sum_{j=1}^{n} F_{ij} \tag{4-33}$$

（3）找到安全重要度最大的集合。

（4）在余下的集合中任选集合 F_i 与本轮安全重要度最大的集合作交集运算，将结果保存在临时变量 T 中：

$$T = F_i \bigcap F_j \tag{4-34}$$

（5）用集合 F_i 减去集合 T，用此结果更新集合 F_i 中的元素，然后将 T 清空。

$$F_j = F_j - T \tag{4-35}$$

$$T = \varnothing \tag{4-36}$$

（6）一轮过后，按照式(4-33)对所有集合的安全重要度重新进行计算。

（7）在重新计算安全重要度后的集合中找到安全重要度最大的集合。

（8）重复(4)～(7)的操作，直到处理完所有集合。

（9）接下来，对每个集合进行安全资源配置，具体如下：

$$C_i = \frac{BF_i}{F} \tag{4-37}$$

其中，F 为系统总的安全重要度。

自此，整个系统的安全资源配置优化就完成了。

4.5　应用实例

4.5.1　实例模型

下面以化工系统中的加热子系统为例，说明系统安全资源配置优化的方法。此系统以石油和蒸汽作为原料，使用管道传输石油和蒸汽到不同的控制和处理装置，石油和蒸汽到达反应器并且发生燃烧反应，释放出热量。

此系统的结构如图 4-6 所示。此系统的网络模型如图 4-7 所示。该模型由 9 个节点和 10 个连接组成,9 个节点代表系统的 9 个控制或处理装置,10 个关联代表 10 种耦合关系。这些装置协作完成供油、供气、燃烧换热、废油处理等功能。此处使用了与第 3 章相同的实例系统作为分析对象,但这里要解决的是系统安全资源配置优化问题,不同于第 3 章的建模方法研究。因为研究问题的层面不同,建模过程中选择的节点粒度也不同,最终形成的模型也是不一样的。

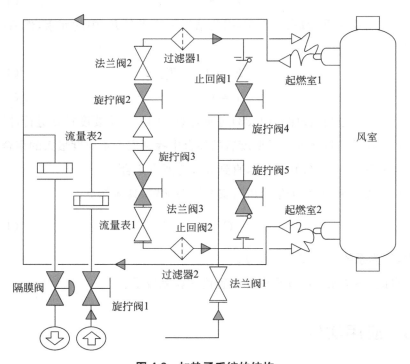

图 4-6　加热子系统的结构

化工系统的安全问题主要是由设备的老化、磨损、腐蚀等造成的。因此,这里的事故损失是以设备本身的价值以及维护和维修所需费用作为根本的基础数据,然后利用式(4-5)计算得到的。事故率的取值主要来自文献资料和专家数据,一部分数据可以直接获得,另一部分数据则按照式(4-6)~

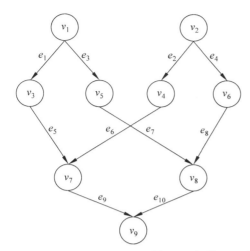

节点	设备
v_1	法兰阀1
v_2	旋拧阀1
v_3	旋拧阀4，止回阀1
v_4	旋拧阀2，法兰阀2，过滤器1
v_5	旋拧阀5，止回阀2
v_6	旋拧阀3，法兰阀3，过滤器2
v_7	起燃室1
v_8	起燃室2
v_9	风室，流量表，隔膜阀

图 4-7　加热子系统的网络模型

式(4-10)的统计方法通过计算得到。最终结果如表 4-2 所示。由于取得的数据是随工作状态和服务期间而变化的，表 4-2 中的数据仅为某个阶段的综合值，这些也符合系统的动态性。

表 4-2　事故损失与事故率

要　素	事故损失/万元	事　故　率
v_1	2.8	0.030
v_2	3.2	0.030
v_3	2.8	0.026
v_4	2.8	0.031
v_5	2.8	0.021
v_6	2.8	0.024
v_7	2.1	0.040
v_8	2.0	0.035
v_9	6.0	0.015

根据式(4-13)和表 4-2 中的数据，就能够获得 9 个要素的安全重要度，如表 4-3 所示。

表 4-3 安全重要度

要　素	安全重要度	要　素	安全重要度
v_1	0.84	v_6	0.68
v_2	0.96	v_7	0.82
v_3	0.72	v_8	0.70
v_4	0.86	v_9	0.90
v_5	0.60		

经过 4.4.3 节中网络模型步骤(1)～(8)的处理，得到如下 4 个集合：

$$V_1=\{v_2,v_4,v_7,v_9\}, \quad V_2=\{v_1,v_5,v_8\}, \quad V_3=\{v_3\}, \quad V_4=\{v_6\}$$

按照式(4-33)计算各集合对应的安全重要度：

$$F_1=3.54, \quad F_2=2.14, \quad F_3=0.72, \quad F_4=0.68$$

系统总的安全重要度为 $F=7.08$。

假设投资额为 8 万元，按照式(4-37)计算各集合的资源分配情况，结果如下：

$$C_1=4, \quad C_2=2.4, \quad C_3=0.8, \quad C_4=0.8$$

4.5.2 配置过程

现在以对集合 V_1 进行安全资源配置为例，说明对其配置与优化的过程。其他集合的资源配置与优化都与此相似。

集合 V_1 中包含了 v_2、v_4、v_7、v_9 共 4 个要素，对这些要素的安全性改造的投资额为 4 万元。由于投资额和安全性的提升遵从一定的规律，并且由统计分析和灰色估计方法得到在第 i 个要素上实施安全投资 j（单位为万元）就可将安全重要度提高为 $f_i(j)$（$i,j=1,2,3,4$）。V_1 中要素的投资额与其安全重要度提升的数值 $f_i(j)$）的关系由表 4-4 给出。接下来考虑如何合理地分配投资额 4 万元到各个要素上,才能使整个集合的安全重要度提升最大。

表 4-4 要素的投资额和安全重要度的关系

要素	安全重要度			
	$j=1$	$j=2$	$j=3$	$j=4$
v_1	4	5	6	7
v_2	0	2	4	7
v_3	1	2	4	9
v_4	5	6	6	8

在式(4-16)中,设 $B=4, n=4$ 得

$$\max y = \sum_{i=1}^{4} f_i(x_i)$$

$$\text{s.t.} \sum_{i=1}^{4} x_i = 4$$

$$x_i \geqslant 0, \quad i=1,2,3,4$$

下面采用逐步求精的思想实现安全资源配置的优化。优化过程分为 4 个阶段,对应 4 个,分别求出每个阶段的优化结果,最后求出总体优化结果。

设 $F_k(x)$ 是 x 万元投资到前 k 个要素所提升到的安全重要度。$x_k(x)$ 表示取得这个值的第 k 个要素所需的投资额($k=1,2,3,4$)。每个阶段都运用式(4-18)求解。

$$F_1(x) = f_1(x)$$

$$F_2(x) = \max_{0 \leqslant x_2 \leqslant x} (f_2(x_2) + F_1(x - x_2))$$

$$F_3(x) = \max_{0 \leqslant x_3 \leqslant x} (f_3(x_3) + F_2(x - x_3))$$

$$F_4(x) = \max_{0 \leqslant x_4 \leqslant x} (f_4(x_4) + F_3(x - x_4))$$

先计算 $F_1(x)$,再计算 $F_2(x)$、$F_3(x)$ 和 $F_4(x)$。

其中，x_2 表示投资到第二个要素的资金，则 $x-x_2$ 为投资到第一个要素的资金，记为 $x_1=x-x_2$。

第一阶段针对第一个集合，有 4 种投资方式，如表 4-5 所示。

表 4-5　第一阶段投资与安全重要度提升

投资/万元	0	1	2	3	4
$F_1(x)$	0	4	5	6	7
最优策略/万元	0	1	2	3	4

第二阶段必须考虑如何对第一个和第二个集合投资才能获得最大的安全重要度提升，求解如下：

$$F_2(4)=\max_{0\leqslant x_2\leqslant 4}(f_2(x_2)+F_1(x-x_2))$$
$$=\max(f_2(0)+F_1(4),f_2(1)+F_1(3),f_2(2)+F_1(2),$$
$$f_2(3)+F_1(1),f_2(4)+F_1(0))$$
$$=\max(0+7,0+6,2+5,4+4,7+0)$$
$$=8$$

当最优策略为 $(1,3)$ 时的安全重要度提升是最大的，为 8。

同理，求 $F_2(x)$ 的其他值。

$$F_2(3)=\max_{0\leqslant x_2\leqslant 3}(f_2(x_2)+F_1(x-x_2))$$
$$=\max(f_2(0)+F_1(3),f_2(1)+F_1(2),f_2(2)+$$
$$F_1(1),f_2(3)+F_1(0))$$
$$=\max(0+6,0+5,2+4,4+0)$$
$$=6$$

当最优策略为 $(3,0)$ 或 $(1,2)$ 时的安全重要度提升为 6。

$$F_2(2)=\max_{0\leqslant x_2\leqslant 2}(f_2(x_2)+F_1(x-x_2))$$
$$=\max(0+5,0+4,2+0)$$
$$=5$$

当最优策略为(2,0)时的安全重要度提升为 5。

$$F_2(1) = \max_{0 \leqslant x_2 \leqslant 1}(f_2(x_2) + F_1(x - x_2))$$

$$= \max(0 + 4, 0 + 0)$$

$$= 4$$

当最优策略为(1,0)时的安全重要度提升为 4。

$$F_2(1) = \max_{0 \leqslant x_2 \leqslant 0}(f_2(x_2) + F_1(x - x_2))$$

$$= \max(0 + 0)$$

$$= 0$$

当最优策略为(0,0)时的安全重要度提升为 0。

第二阶段投资与安全重要度如表 4-6 所示。

表 4-6　第二阶段投资与安全重要度提升

投资/万元	0	1	2	3	4
$F_2(x)$	0	4	5	6	8
最优策略/万元	(0,0)	(1,0)	(2,0)	(3,0),(1,2)	(1,3)

第三阶段考虑对第一个到第三个集合同时投资时系统安全重要度的最大提升。

求解过程如下：

$$F_3(4) = \max_{0 \leqslant x_2 \leqslant 4}(f_3(x_2) + F_2(x - x_2))$$

$$= \max(f_3(0) + F_2(4), f_3(1) + F_2(3), f_3(2) + F_2(2),$$

$$f_3(3) + F_2(1), f_3(4) + F_2(0))$$

$$= \max(0 + 8, 1 + 6, 2 + 5, 4 + 4, 9 + 0)$$

$$= 9$$

当最优策略为(0,0,4)时的安全重要度提升是最大的,为 9。

同理,求 $F_3(x)$ 的其他值。

第三阶段投资与安全重要度提升如表 4-7 所示。

表 4-7　第三阶段投资与安全重要度提升

投资/万元	0	1	2	3	4
$F_3(x)$	0	4	5	6	9
最优策略/万元	$(0,0,0)$	$(0,1,0)$	$(0,2,0),$ $(1,1,0)$	$(0,3,0),$ $(0,1,2),$ $(1,2,0),$ $(2,1,0)$	$(3,0,0)$

第四阶段考虑对 4 个集合同时投资时系统安全重要度的最大提升。

求解过程如下：

$$F_4(4) = \max_{0 \leqslant x_2 \leqslant 4} (f_4(x_2) + F_3(x - x_2))$$

$$= \max(f_4(0) + F_3(4), f_4(1) + F_3(3), f_4(2) +$$

$$F_3(2), f_4(3) + F_3(1), f_4(4) + F_3(0))$$

$$= \max(0 + 9, 5 + 6, 6 + 5, 6 + 4, 8 + 0)$$

$$= 11$$

当最优策略为 $(0,0,4)$ 时的安全重要度提升是最大的，为 9。

同理，求 $F_4(x)$ 的其他值。

第三阶段投资与安全重要度提升如表 4-8 所示。

表 4-8　第三阶段投资与安全重要度提升

投资/万元	0	1	2	3	4
$F_4(x)$	0	5	9	10	11
最优策略/万元	$(0,0,0,0)$	$(1,0,0,0)$	$(1,0,1,0)$	$(1,0,2,0),$ $(1,1,1,0),$ $(2,0,1,0)$	$(1,0,3,0),$ $(1,0,1,2),$ $(1,1,2,0),$ $(1,2,1,0)$

4.5.3　结果分析讨论

从优化结果可知,$F_4(4)=11$,这表明把 4 万元投资在 4 个要素上的安全级别提升最大,为 11。又可知 $x_4(4)=1$,这表明取得这个最大安全重要度时第 4 个要素需要投资 1 万元。于是,有 3 万元投资前 3 个要素,并且安全重要度提升为 6。而 $F_3(3)=6$,这个表明把 3 万元投资前 3 个要素所提升的最大安全重要度为 6。而 $x_3(3)=(0,1,2)$,这又表明,取得这个最大值时,有 3 种方案,即第 3 个要素或者不投入,或者投入 1 万元,或者投入 2 万元。下面对后两种情况分别进行讨论。

第二种情况,第 3 个要素投资 1 万元。此时将 2 万元投资在第一个和第二个要素上。$F_2(2)=5$,相应地 $x_1(2)=5$,即第二个要素不投资,故第一个要素投资 2 万元,因此有以下解:

$$x_1=2, \quad x_2=0, \quad x_3=1, \quad x_4=1$$

第三种情况,第 3 个要素投资 2 万元,1 万元投资在前两个要素上。$F_2(1)=4$,相应地 $x_2(1)=0$,即第二个要素不投资,第一个要素需投资 1 万元,因此有以下解:

$$x_1=1, \quad x_2=0, \quad x_3=1, \quad x_4=2$$

上面的两个解就是利用动态规划原理得到的优化配置投资的结果。按照这两种方案投资,系统安全性均能够得到最大的提升,也符合实际的配置情况。其他 3 个集合 V_2、V_3、V_4 的优化配置情况与 V_1 集合类似,这里不再做详细的说明。

4.6　本章小结

本章研究了分布式复杂机电系统安全保障的一个重要内容——系统安全资源配置优化。配置优化从机理上保障了系统安全性最优,从系统结构上识别系统的薄弱环节,采用动态规划的方法保障系统的安全性。

　　本章的系统实例证实了动态规划理论在指导分布式复杂机电系统安全资源配置优化上的有效性和可行性。基于动态规划的安全资源配置优化方法能够使系统的脆弱点、关键点的安全资源优先得到合理、有效的配置。并且,基于动态规划的分布式复杂机电系统安全资源配置优化是动态的,可以应用到系统安全工程的各个阶段。在系统的设计阶段,该方法能够使设计更加合理,节约投资成本;在系统的运行阶段,该方法能够根据系统设备老化的不一致性,通过不断进行系统安全资源配置优化,消除系统运行过程中可能的安全隐患。另外,任何系统的安全性都是相对的,绝对安全的系统是没有的,只能在系统的生命周期内不断地识别、评价、配置与优化,才能将系统风险降到最低。总之,本章分析了影响系统安全的一些特征参数,并对特征量的确定进行了探讨,本章提出的基于动态规划的安全资源配置优化方法是切实可行的。在使用动态规划原理对系统安全进行配置优化时,要素数量的确定相当关键。数量过大,则会带来非常大的运算量;数量过小,则会影响系统安全的配置精度,因此,在建模中要确定一个合理的要素数量。

第 5 章

分布式复杂机电系统故障溯源

　　故障溯源主要是针对分布式复杂机电系统而言的,是指以系统模型为基础,按照一定的逻辑推理方式辨识故障根源的方法。故障溯源中经常遇到的情况是故障现象与故障原因往往不在同一单元,当然,故障现象与故障原因也可以在同一单元。这种根据分布式复杂系统单元的关联性而进行故障诊断的方式被称为故障溯源。对于相对简单的系统进行故障分析,查找到确定故障的过程通常称为故障诊断。分布式复杂机电系统由数以万计的单元组成,它们相互关联与影响,任何一个单元发生异常,整个系统都不能正常工作,因此,分布式复杂机电系统的故障溯源完全不同于一般的复杂装备,查找和定位引起故障发生的单元相当困难。为此,本章研究了基于贝叶斯网络的分布式复杂机电系统故障溯源方法,通过扩展系统有向无环图模型的概率特性,建立系统的贝叶斯网络模型,利用贝叶斯网络可以将不确定性问题转换为确定性问题的能力进行推理,最终实现系统故障定位的方法。

5.1　故障溯源概况

5.1.1　故障溯源现状

现代工业系统日益趋向大型化、复杂化、自动化和智能化,因此,影响系统正常工作的因素也越来越多,导致系统出现故障的原因也越来越复杂。尤其是采用了分布式复杂机电系统的工业生产系统,这种特征就更加明显。分布式复杂机电系统的故障溯源不同于一般复杂装备的故障诊断,主要有以下三个原因。其一,复杂装备一般不具备分布性,结构相对紧凑,维护相对集中,检测相对容易。其二,复杂装备组成单元之间的耦合多数属于强耦合,例如通过机械装置传递动力,故障现象相对易于判断。分布式复杂机电系统占用空间大,分布地域广,对维护和测试手段要求较高,需要通过某些专业仪器或一定的通信手段才能完成。同时,分布式复杂机电系统组成单元的耦合少数属于强耦合,多数属于弱耦合,而且还存在多介质耦合,即复杂耦合。分布式复杂机电系统的上述特点也带来了故障的隐蔽性,任何一个单元出现故障,都会导致整个系统出现问题,并且很难发现系统的故障根源。其三,复杂装备的故障诊断和分布式复杂机电系统的故障溯源采用的方法是不同的[147-149]。复杂装备的故障诊断常常采用传统的方法,包括故障树分析(FTA)方法[150-155]、故障模式影响分析(FMEA)方法[156-158]、预先风险分析(PHA)方法[159,160]以及其他传统方法[161-163],当然信号处理的方法也是比较有效的。分布式复杂机电系统多数使用数理统计的方法,其中贝叶斯网络的诊断方式就是一个经典的方法,传统的故障诊断方法已经不能满足现代分布式复杂机电系统故障溯源的要求。故障溯源针对分布式复杂机电系统的特点,对故障发生的根源进行有效辨识,采集对系统安全性有较大影响的特征数据,提取对故障溯源有用的数据信息,然后经过推理、分析与判断,识别故障发生的根本原因。总之,故障溯源就是针对这种具有分布性、复杂性、组成单元众多的系统,根据故障现象,运用逻辑推理、判断和计算手段确定系统故障源的方法。

　　现代工业系统生产的安全与可靠运行要求组成系统的各部分协调一致运作,任何一个组成部分的故障都将不同程度地影响生产,甚至给企业带来巨大损失。从系统安全工程与安全管理的角度看,故障溯源属于系统安全性维护的范畴。系统维护是工业生产中一项非常重要的工作,是工业系统安全与可靠运行的重要保障。本研究提出了基于贝叶斯网络的系统故障溯源方法。此方法将一个分布式复杂机电系统抽象为一个复杂网络,网络中的节点(设备)按照不同强度相互连接,因此,一个设备的小问题就有可能导致另一个设备发生故障。基于贝叶斯网络的故障溯源方法基于上述思想进行逻辑推理和判断,对系统进行合理的、预见性的维护,从而保障工业系统运行的可靠性和经济性。

5.1.2　关于故障溯源的研究

　　本研究引入了故障溯源的概念,对分布式复杂机电系统进行故障源辨识。以前也有一些类似的研究,例如基于分层模型的故障定位方法[164]。本节对此方法进行简要介绍。

1. 分层模型

　　分层故障定位方法以图论知识为基础,建立系统的分层结构模型,然后根据模型进行故障定位。该方法利用部分节点信息,通过分阶段的计算方式逐步缩小故障所在的范围,最后确定故障区间。该方法具体的故障定位实现策略为:首先,采用分层模型对系统的拓扑结构进行描述,搜集大量的有用信息;其次,故障定位分为区域和区段两种情况,将区域作为一个整体进行处理,确定故障范围;最后,通过计算对应区域中间层相邻节点的故障状态信息组合情况,不断重新确定故障区段,即故障所属的更小范围,逐步缩小故障范围,最终实现故障定位。

在实现故障定位之前,必须建立基于分层模型的系统拓扑结构。对于具有 N 个节点的系统 $G(V,E)$,其邻接矩阵 $\boldsymbol{M}=(m_{ij})_{N\times N}$ 为 N 行 N 列矩阵。若节点 v_i 与 v_j 之间存在一条路径,则 $m_{ij}=1$;否则 $m_{ij}=0$。称 m_{ij} 为节点 v_i 到 v_j 的距离,如果距离为 1,表示只有一条路径。$\boldsymbol{M}^k=(m_{ij}^{(k)})_{N\times N}$ 的元素 $m_{ij}^{(k)}$ 表示节点 v_i 到 v_j 的距离为 k,即两个节点之间有 k 条路径。按照这种思想就可以辨别分层模型中节点所在的层次。

模型的层是相对的。系统的分层模型是以某一节点为基点,利用其他节点与基点的距离实现拓扑分层。在分层模型中,每个节点到基点的路径只有一条,为此进一步定义系统分层模型的表达矩阵 $(q_{ij}^{(k)})_{N\times N}$:

$$q_{ij}^{(k)}=\begin{cases}m_{ij}^{(k)}, & m_{ij}^{(k)}=1, \quad i\neq j, k=1,\cdots,N-1 \\ 0, & \text{其他}\end{cases} \tag{5-1}$$

基点矩阵可表示为

$$\boldsymbol{B}_i=(b_{1j})_{1\times N}$$

可以求出基点矩阵对应的分层模型:

$$\begin{cases}\boldsymbol{T}_{i1}=\boldsymbol{B}_i=\begin{bmatrix}b_{11} & b_{12} & \cdots & b_{1N}\end{bmatrix} \\ \boldsymbol{T}_{i2}=\boldsymbol{B}_i\cdot\boldsymbol{A}=\begin{bmatrix}b_{21} & b_{22} & \cdots & b_{2N}\end{bmatrix} \\ \quad\vdots \\ \boldsymbol{T}_{iN}=\boldsymbol{B}_i\cdot\boldsymbol{A}_{N-1}=\begin{bmatrix}b_{N1} & b_{N2} & \cdots & b_{NN}\end{bmatrix}\end{cases} \tag{5-2}$$

分层模型中元素 $b_{ij}=1$ 表示第 i 层的节点为 v_j。

2. 系统故障的定位过程

首先查找度数大于 2 的节点,从邻接矩阵 $\boldsymbol{M}$ 可以判断该节点为一个耦合节点,公式如下:

$$\deg\left(\sum_{j=1}^N m_{ij}\right)>2$$

耦合节点矩阵为 $\boldsymbol{R}=(r_i)_{1\times N}$。若 v_i 为耦合节点,则 $r_i=1$;否则 $r_i=0$。

接下来介绍系统故障定位算法。对于一般的区段故障,故障区段必然位于两个相邻节点之间,这两个节点的故障状态信息是不同的,而其他区段两个相邻节点的状态信息必然相同;对于区域故障,故障区段一定位于与耦合节点相邻的 3 个节点中,而且这 3 个节点的故障状态信息中只有一个为 1(假设用 1 表示故障),而其他区段两个相邻节点的故障信息状态必然相同。由于故障是唯一的,在整个系统中必然只有一处相邻节点的故障状态信息不同。分层拓扑矩阵描述了所有节点的顺序关系,邻接矩阵则表达了各节点的邻接关系,因此可以采用异或运算得到相邻两层或与耦合节点相邻的上下两层之间节点对应的故障状态信息,这样就可以确定故障区段。

根据故障监控设备上监测到的故障状态信息,可以定义故障信息矩阵 $\boldsymbol{S}=(s_i)_{1\times N}$。如果节点 v_i 为正常工作状态,则 $s_i=1$;否则 $s_i=0$。如果得不到耦合节点的故障状态信息,则设其为 0。

定义节点向量 $\boldsymbol{I}_k=(e_i)_{1\times N}$。若 $i=k$,则 $e_k=1$;否则 $e_i=0$。

定义区域向量 $\boldsymbol{L}_{ij}=(m_{i1}b_{j1} \quad m_{i2}b_{j2} \quad \cdots \quad m_{iN}b_{jN})_{1\times N}$。

因此,故障区段的计算公式如下:

$$Y = \sum_{i=1}^{N}\sum_{j=1}^{N}\sum_{k=1}^{N} M_{jk}(b_{ij}s_i \oplus b_{(i+1)k}s_k)(1-r_j)(1-r_k)(\boldsymbol{I}_j+\boldsymbol{I}_k) +$$

$$\sum_{i=1}^{N}\sum_{j=1}^{N}\sum_{k=1}^{N} \left(M_{jk}r_ks_i \oplus \left(\sum_{t=1}^{N}M_{kt}b_{(i+2)t}s_t\right)\right)(\boldsymbol{L}_{k(i+2)}+\boldsymbol{I}_j)$$

$$= (y_i)_{1\times N} \tag{5-3}$$

利用式(5-2)和全部节点的状态信息即可确定故障区段,y_i 中状态为 1 的节点所组成的区段即为故障区段。

分层模型定位故障的优点如下:

(1) 系统的拓扑分层模型描述了各节点的顺序关系,也反映了节点故障信息状态的顺序关系,能够满足这种二元性故障定位的需要。

(2) 分段压缩定位只计算中间层节点的故障状态信息的组合情况,就能够缩小故障范围,计算量小,故障定位快。

(3) 对于分层结构比较明显的系统,该方法实用性强。

该方法的缺点是：不适合网络结构的复杂系统，不能解决多状态的系统的故障定位。针对该方法的缺点，本章提出了基于贝叶斯网络的分布式复杂机电系统故障溯源技术。

5.2　贝叶斯网络

5.2.1　贝叶斯网络的产生

在现实生活中，很多事情需要人们利用常识进行判断推理，不管这种推理是否正确。例如，当你看到蚂蚁搬家，你可能认为快要下雨了，这种判断也许不正确；如果你在夜晚看到某人家里还亮着灯，你可能认为这家还有人没休息，你的判断又有可能不正确。在分布式复杂机电系统的应用工程中，同样需要进行科学、合理的判断推理。但是，实际工程中的问题通常都比较复杂，而且存在着许多不确定性因素。这就引出了推理结果的准确性问题。较早的时候，这种判断推理思想就被应用于人工智能的研究领域。尽管许多人工智能领域的研究中出现了神经网络、模糊理论，但是在常识推理的基础上构建和使用概率方法也是可行的。概率理论也被引入人工智能领域以提高推理的准确性。1758 年，英国数学家贝叶斯（Thomas Bayes）首先将归纳推理法用于概率论基础理论，并被沿用至今。贝叶斯决策理论方法是统计模型决策中的一个基本方法，其基本思想是：已知条件概率密度参数表达式和先验概率，利用贝叶斯公式转换成后验概率，再根据后验概率进行决策分析。

Judea Pearl 在 1988 年提出的贝叶斯网络（Bayesian network）实际上就是一种基于概率论的不确定性推理网络。它使用概率表示集合变量连接的图形模型，并提供了一种表示因果关系的方法。它研究这种随机变量直接的条件依赖的独立性，把节点的联合概率作为一种网络结构和条件概率的值，通过计算关键节点的事件转换的条件概率值实现概率推理。贝叶斯网络当时主要用于人工智能中的不确定性推理方式,后来逐步成为处理不确定性信息技术的重要工具,并且在计算机科学、智能科学、工业控制、医疗诊断、统计决策、专家系统等领域的许多智能化系统中得到了广泛的应用。多个行业的成功应用充分体现了贝叶斯网络技术是一种强有力的不确定性推理方法。

5.2.2　贝叶斯网络应用分析

从贝叶斯网络的产生可知它是一种概率网络,而且是基于概率推理的图形化网络。在应用贝叶斯网络进行推理计算时,贝叶斯公式就构成了这个概率网络的数学基础。因此,贝叶斯网络是一种基于概率推理的数学模型。贝叶斯网络的推理就是已知一些变量的事件概率信息,通过变量关联关系获取其他变量事件的未知概率信息的过程。基于概率推理的贝叶斯网络是为了解决事件的不确定性问题而提出的,它对解决复杂装备由于关联性而引起的不确定性故障问题有很大的优势,并在多个领域中得到广泛应用。

因为贝叶斯网络的权值是用概率表示的,所以又称信度网络(belief network)。目前它是使用不确定知识表达和推理技术最有效的理论模型之一,已经成为推理技术研究的一个热点。贝叶斯网络是有向无环图的一种表达形式,它由代表变量的节点及节点间连接关系的有向边构成,节点代表随机变量,节点间的有向边代表节点间的关联关系,即父节点对其子节点的影响关系,用条件概率表示关联强度。节点本身可以用先验概率表示权值,也可没有权值。节点变量可以是系统组成要素(如子系统、设备、零部件等)的抽象。在应用中,贝叶斯网络节点变量选取分类要合适,并且节点之间的关联关系都是确定的,这样才能充分地利用贝叶斯网络的优势,完成对不完整或不确定的知识推理过程。

基于贝叶斯网络,可采用结构分解的方式把一个分布式复杂机电系统分成两部分：一部分是系统的物理部分；另一部分是系统的逻辑部分。物理部分是系统的机电设备。综合考虑系统建模的粒度问题，选择合适的节点对象形式，通常使用完整的设备作为节点变量。逻辑部分则是系统要素间的物质流、能量流、信息流、工作流的耦合，这些耦合能够被量化为具体值。在此基础上，进行故障溯源推理过程的贝叶斯网络的实现研究。当任意一个节点发生异常时，它将产生一种异常现象，由于关联的影响，它将引起关联节点的状态改变或者整个系统的异常或故障。通过计算相应关联节点的联合概率，异常节点将被确定，由此故障溯源得以实现。

5.3　贝叶斯网络建模

5.3.1　贝叶斯网络建模说明

建立分布式复杂机电系统的贝叶斯网络模型是一个复杂的任务，需要考虑多方面的因素：需要专门的人员从事此项工作；需要积累足够的系统状态数据，数据量越大，溯源结果越准确；建模过程需要多次反复和完善；建模需要采用合理的、恰当的、清晰的分析和分解方法，一般采用结构性建模方法；系统基础数据必须完整、详尽，以保证系统的完整性；对分析系统的分割要正确，必需保证分割单元的独立性；建模过程本着先简后繁的原则，首先完成系统的定性模型，即由节点和关系组成的模型，然后进行定量部分的参数确定工作。另外，应用于分布式复杂机电系统故障溯源的贝叶斯网络模型不同于复杂设备故障诊断的贝叶斯网络模型。前者是基于分布式复杂机电系统的组成结构建立的物理的复杂网络模型；后者则是根据复杂装备的故障模式的影响关系建立的贝叶斯网络模型，其模型的层次性和树状结构的特点比较明显。因此，分布式复杂机电系统的贝叶斯网络模型更能客观、真实地体现系统结构及其内部的复杂关系，是一种从机理上理解和认识系统的方法；而复杂装备的贝叶斯网络模型包含了很多主观因素，需要穷举所有故障模式才能使系统故障诊断精确、有效,其模型更具层次性和树状结构的特点。

不论贝叶斯网络模型用在何种场合,都具有以下特性:

- 贝叶斯网络模型表达了事物之间的一种关联特性。贝叶斯网络模型与其他网络模型不同,它是使用图形的方式表达变量之间连接关系的推理网络模型,可视化地表达了各个变量在条件概率下的逻辑关系。
- 贝叶斯网络模型具有强大的表达能力和不确定性问题处理能力。贝叶斯网络模型使用概率值表达变量间的关联关系,不仅能够实现数值性的关系表达,也能实现二值性的关系表达。它还能在有限的、不完整的、不确定的信息条件下实现判断推理。
- 贝叶斯网络模型能有效地进行多源信息的融合表达。贝叶斯网络模型采用概率统计的方式确定节点变量之间的关联关系。因此,它可以将系统维护中的故障溯源得到的大量数据融合到现有网络模型的结构中,按节点的方式进行处理,能够提高推理的精度。

在使用贝叶斯网络模型进行推理时,依据网络模型的规模,推理算法可以分成两大类:近似推理算法和精确推理算法。近似推理算法是通过数据融合的手段实现的;精确推理算法是在现有完备的数据基础上进行复杂计算。在实际应用中往往采用二者相结合的方式。这两类推理算法有各自的应用条件:

- 如果实际系统信度网络是简单的有向图结构,在节点数目不多的情况下,采用贝叶斯网络模型的精确推理算法,使用最优路径和链乘规则实现推理过程。
- 如果实际系统形成的图结构较为复杂且节点数目较多,或者对推理结果要求不高,可采用近似推理算法进行推理,具体实施时,首先要对复杂、庞大的网络进行粒度转换,然后与精确推理算法相结合实现推理。

5.3.2　贝叶斯网络的模型化

任何一个分布式复杂机电系统的贝叶斯网络模型都是一个有向无环图,通常由节点、边、概率等要素构成。因此,贝叶斯网络模型可以使用图模型来示:

$$G = \{V, E, P\} \tag{5-4}$$

这里用概率 P 代替模型的权重 W,这体现了贝叶斯网络模型独有的特性。

分布式复杂机电系统的组成元素对应贝叶斯网络模型的节点,所有节点形成节点集合 V。

$$V = \{v_i \mid v_i \in G, i = 1, 2, \cdots, n, n \geqslant 2\} \tag{5-5}$$

分布式复杂机电系统元素间的联系对应贝叶斯网络模型的边,所有边形成边的集合 E。

$$E = \{e_j \mid e_j \in G, j = 1, 2, \cdots, m, m \geqslant 1\} \tag{5-6}$$

贝叶斯网络模型的所有组成元素也称作变量,这些变量的发生概率形成概率集合 P。

$$P = \{p_k \mid p_k \in G, k = 1, 2, \cdots, k \geqslant 1\} \tag{5-7}$$

因此,分布式复杂机电系统 S 的贝叶斯网络模型可用如式(5-4)表示,简记为

$$G = \{V, E\} \tag{5-8}$$

通过以上的数学模型描述,就把贝叶斯网络引入分布式复杂机电系统建模中,进一步作如下定义。

定义 1　任意分布式复杂机电系统贝叶斯网络模型记为 $G = (V, E)$。其中 V、E 为有限非空集合,V 中元素代表分布式复杂机电系统的元素(机电设备),E 中元素代表分布式复杂机电系统元素间的关联关系,那么,V、E 与其元素存在下面的关系:

$$V = \{v_1, v_2, \cdots, v_n\}, \quad E = \{e_1, e_2, \cdots, e_m\}$$

定义 2　若模型 G 中的边 e 与节点 v_i、v_j 的无序节点对 (v_i,v_j) 相对应,则称 e 为无向边,记为 $e=(v_i,v_j)$。这时节点 v_i 和 v_j 通过边 e 相互关联,v_i、v_j 为该边 e 的两个端点。此时,若节点 v_i 与节点 v_j 是邻接的,则称它们为邻接节点。关联于同一节点的两条边称为邻接边。若模型 G 中的边 e 与节点 v_i、v_j 的有序节点对 $<v_i,v_j>$ 相对应,则称 e 为有向边,记为 $e=<v_i,v_j>$。这时称 v_i 为前驱节点、v_j 为后继节点。

定义 3　分布式复杂机电系统的贝叶斯网络模型是一个有向图(图中的边都是有向边)和简单图(无环且无重数大于 1 的边)。

定义 4　分布式复杂机电系统的贝叶斯网络模型的节点 v 所关联的边数称为节点 v 的度数,记为 $\deg(v)$。

定理 1　分布式复杂机电系统的贝叶斯网络模型 $G=(V,E)$ 中节点度数的总和等于边数的两倍,即

$$\sum_{v \in V} \deg(v) = 2\,|E| \tag{5-9}$$

推论　分布式复杂机电系统的贝叶斯网络模型 G 中度数为奇数的点必有偶数个。

如果 V_1 和 V_2 分别是模型 G 中奇数度数和偶数度数的节点集,则

$$\sum_{v \in V_1} \deg(v) + \sum_{v \in V_2} \deg(v) = \sum_{v \in V} \deg(v) = 2\,|E| \tag{5-10}$$

定义 5　规定分布式复杂机电系统的贝叶斯网络模型为连通图。那么,图中任意一对节点 v_i、v_j 之间都有一条 (v_i,v_j) 通路。

由定义 3 可知,分布式复杂机电系统的网络模型可用有向图矩阵表示。

定义 6　设 $G=(V,E)$ 是包含 n 个节点的图,那么,n 阶方阵 $\boldsymbol{A}=(a_{ij})_{n \times n}$ 称为 G 的邻接矩阵。其中,

$$a_{ij}=\begin{cases}1, & <v_i,v_j> \in E \\ 0, & \text{其他}\end{cases} \tag{5-11}$$

5.4　故障溯源方法

5.4.1　推理原理

通常情况下,分布式复杂机电系统的每个单元均处在一个相对稳定的工作环境之中。当系统的任意单元发生故障或失效时,系统的某个地方就会产生一个异常的响应。由于系统组成的网络特性,常常出现故障现象与故障单元不同源的现象,所以,判断和分析故障源是一件非常困难的事情。造成这种现象的原因可以归结为以下几方面:

(1) 所有节点单元都处在一个相互连接的网络中,任何连接到这个异常响应单元的单元都有可能传播故障作用。

(2) 异常响应单元对故障表现得更加敏感,以至于能够产生异常响应。

(3) 故障可能存在于与异常响应单元直接相连的单元中,直接传播故障;也可能存在于与异常响应单元间接连接的单元中,间接传播故障。

(4) 不同的步骤的故障传播强度是不同的,这种强度可能增强、不变或减弱。

(5) 每次的故障传播概率也是不同的,传播概率和传播强度通常由传播介质决定。

在利用贝叶斯网络进行故障溯源的推理过程中,呈现故障征兆的节点通常作为模型的末节点。网络中有很多条路径都可以到达这个末节点,这些路径上的任何节点都有传播故障的可能性。这样就形成了一个新的故障分析模型,这个模型将是原有系统的贝叶斯网络模型的一个子模型。确定了故障模型,故障溯源的定性分析就完成了。接下来研究利用贝叶斯网络实现推理过程的定量分析。根据上述故障模型,从末节点开始进行反向节点搜索,找到具有最大故障传播概率的前驱节点。然后对这个节点进行状态检查,如果这个节点单元工作状态是异常的,那么,通过调整这个单元的状态,使其属性和状态值符合规定的要求。调整之后,如果系统异常或故障被消除,则这个节点就被认为是故障源,故障溯源过程结束;否则,继续下一轮搜索过程,搜索节点的状态及其属性值将被检查,并实施相应的操作,直到系统故障源被定位,溯源过程停止。

在故障溯源过程中,采用故障最大传播路径搜索算法。此算法也是故障溯源技术的又一精髓之处。在进行节点搜索时,前驱节点的选择基于故障传播的最大概率。节点的故障传播概率是故障从本节点通过边传播到后继节点的一种可能性。它的大小是在该故障模式下本节点的先验概率与后继边传播概率的乘积。通过比较所有连接到当前节点的所有前驱节点的故障传播概率,然后,具有最大传播概率的前驱节点将被确定为传播给当前节点的故障节点。接着进行前驱节点状态检查,如果当前节点状态正常,采用类似前一步的方法查找当前节点的所有前驱节点,并确定具有最大故障传播概率的前驱节点 ,直至系统异常或故障消除为止。到此,整个故障溯源的推理过程完成。

5.4.2　概率特性的扩展

根据贝叶斯网络的优势,对概率特性做如下扩充与扩展。

在条件概率中,如果两个事件 A 和 B 不是互相独立的,并且事件 B 已经发生,就能得到 $P(A)$ 的概率信息,A 在 B 中的条件概率可记为

$$p(A \mid B) = \frac{p(AB)}{p(B)} \tag{5-12}$$

通常,无条件概率 $P(A)$ 称为先验概率,条件概率 $P(A \mid B)$ 称为后验概率。

假设样本空间 S 被分成 n 个互斥事件,每个事件称为 S 的一个划分:

$$A = \{A_1, A_2, \cdots, A_n\}, \quad A_i \bigcap A_j = \varnothing \tag{5-13}$$

若存在 B 事件,它由 $BA_1, BA_2, \cdots, BA_n$ 组成,则记为

$$B = BA_1 + BA_2 + \cdots + BA_n \tag{5-14}$$

根据全概率公式:

$$p(B) = p(B \mid A_1)p(A_1) + p(B \mid A_2)p(A_2) + \cdots$$
$$+ p(B \mid A_n)p(A_n) \tag{5-15}$$

由全概率定理和条件概率的定义可以得到贝叶斯定理:

$$p(A_i \mid B) = \frac{p(B \mid A_i)p(A_i)}{p(B \mid A_1)p(A_1) + p(B \mid A_2)p(A_2) + \cdots + p(B \mid A_n)p(A_n)}$$
$$= \frac{p(B \mid A_i)p(A_i)}{\sum\limits_{i=1}^{n} p(B \mid A_i)p(A_i)} \tag{5-16}$$

贝叶斯网络结构中蕴含了变量之间的独立性或条件之间的独立性,因此可将联合概率分解为边缘概率和条件概率的乘积,即链乘规则。

所以,在贝叶斯网络模型中,带父节点 $\mathrm{pa}(v)$ 的节点 v 的概率分布为 $p(x_v \mid x_{\mathrm{pa}(v)})$,随机变量 X 之间的条件依赖通过联合概率分布因式分解得到:

$$p(x) = \prod_{v \in V} p(x_v \mid x_{\mathrm{pa}(v)}) \tag{5-17}$$

使用 R^n 表示从节点 i 到节点 j 通过 $n-1$ 条边的连接。从始节点到末节点的路径条数不难求出,公式如下:

$$R_{i,j}^n = \sum_k R_{i,k}^{n-1} R_{k,j} \tag{5-18}$$

按照式(5-18)能够获得路径的总条数。基于这些结果,系统的安全性分析就能够实现,资源优化配置也能够完成,并且通过信息反馈为系统提供再设计的依据。

通常,在一个真实系统的故障溯源期间,人们最关心的是研究模型的极值问题。这个极值可能是极大值,也可能是极小值。然后,根据节点相应的状态值,实现合理的和适时的预测策略。

5.5　应用实例

图 5-1 为一个分布式复杂机电系统的压缩机组设备连接图,它由设备(包括阀)通过连接管件连接而成,所有设备相互协同,共同实现压缩空气的功能。为保证系统的正常工作,对一些关键设备进行了状态监控,监测点位明细见表 5-1。本节以此压缩机组为例介绍建立贝叶斯网络模型的过程,并在所建模型基础上阐述系统发生异常时搜索和定位系统故障源的贝叶斯推理方法。

表 5-1　监控点位明细

编　号	点位编码	监　测　项
1	A_aPI7640	机组润滑油压力
2	A_rXI7633	空压机后轴振动
3	A_aTI7601	空压机进口温度
4	A_aPI7601	空压机进气压力
5	A_aFI7601	空压机排气流量
6	A_aFI7651	汽机抽气流量
7	A_aLI7651	汽机凝汽器液位
8	A_aPI7658	汽机入口压力
9	A_rXI7653	汽轮机轴振动
10	A_rXI7638	增速箱低速端轴振动
11	A_rXI7645	增速箱高速端轴振动
12	A_aTI7611	增压机一段进气温度
13	A_aPI7611	增压机一段进气压力
14	A_rXI7636	增压机后轴振动
15	A_aPdI7611	增压机进气流量
16	A_rXI7635	增压机前轴振动
17	pSE7655	空压机组汽机转速
18	pSE_0401	汽轮发电机组转速

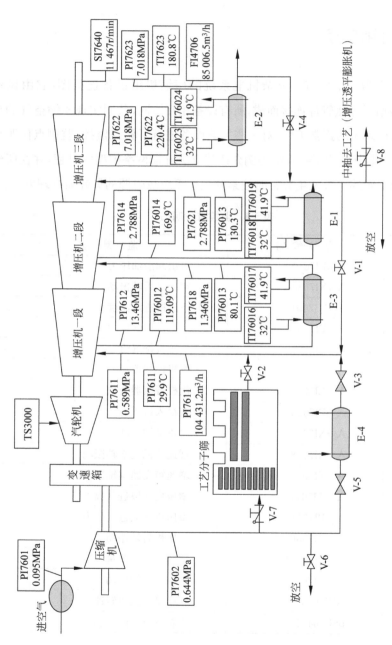

图 5-1 压缩机组设备连接图

5.5.1　贝叶斯网络建模描述

应用第 3 章分布式复杂机电系统建模研究的成果,即面向对象的有向无环图(DAG)的建模方法以及基于对象的分布式复杂机电系统节点粒度的确定方法,可以建立一个压缩机组的 DAG 模型。首先得到的是压缩机组的系统结构模型。进一步完善模型,引入设备故障概率、故障传播概率作为系统的权重,形成信度概率网络模型,就可以将 DAG 模型转换为贝叶斯网络模型。依照规定的网络模型生成算法,就能够实现压缩机组贝叶斯网络模型的故障溯源。生成的贝叶斯网络模型如图 5-2 所示。

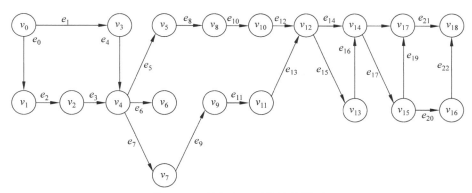

图 5-2　压缩机组贝叶斯网络模型

表 5-2 给出了模型节点与系统设备的对应关系。

表 5-2　模型节点与系统设备的对应关系

编　号	节点名称	设备名称
1	v_0	虚拟首节点
2	v_1	汽轮机
3	v_2	变速箱
4	v_3	空气过滤器
5	v_4	压缩机

编　号	节点名称	设备名称
6	v_5	旋拧阀 1
7	v_6	旋拧阀 2
8	v_7	开关阀 1
9	v_8	分子筛
10	v_9	冷凝器 3
11	v_{10}	旋拧阀 3
12	v_{11}	开关阀 2
13	v_{12}	增压机 1
14	v_{13}	冷凝器 2
15	v_{14}	增压机 2
16	v_{15}	冷凝器 1
17	v_{16}	电磁阀
18	v_{17}	增压机 3
19	v_{18}	虚拟尾节点

　　为了保障系统安全运行,企业都采用了 DCS 对重要运行指标进行监控。根据监控数据能够实时对系统运行进行控制与调整,例如系统故障产生时对故障源进行分析和查找。图 5-3 给出了通过 DCS 采集压缩机组多个点位的状态变化情况,也是系统设备运行状态的时序图。一般来说,当一个设备发生异常变化时,由于系统设备的相关性就会造成相关设备的状态变化,这样在同一图中就可以显示多个设备的状态曲线,方便系统异常时设备状态的对比分析。另外,对于一个复杂系统,主要针对组成设备关键部位、关键指标进行监控,所以,图 5-3 中显示的状态信息都是经过精心设计和挑选的设备测点检测数据。

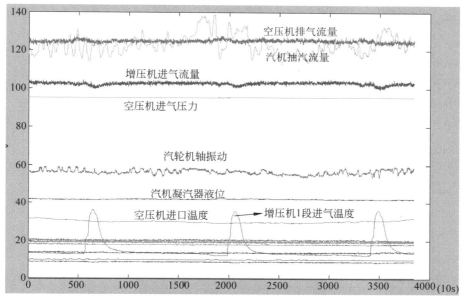

图 5-3　系统设备运行状态时序图

5.5.2　案例介绍与分析

本节结合监控设备状态信息介绍利用贝叶斯网络模型在设备异常时进行故障溯源的方法。

这里使用一个实际例子对使用贝叶斯网络模型的故障溯源进行说明。在一次事故中,机组声音异常,监控信息显示空压机由于高位阀指令突然由 76 的开度自动增至 98 的开度,蒸汽流量由 132T 降至 0,空压机转速由 11 149r/min 至 0,此时,操作人员采取了紧急停车的处理措施。压缩机组异常状态如图 5-4 所示。

1. 检修过程

停车后,根据监测的转速、油压的变化趋势情况,首先对 FT7623 流量变送器进行了检查测试,结果确认正常。接着对高位阀 V-1 进行功能性测试,

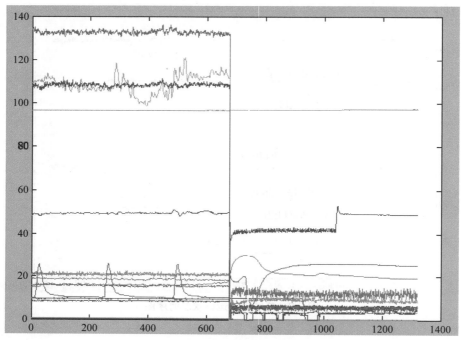

图 5-4　压缩机组异常状态

当操作人员给出指令后,发现高位阀不动作。进一步对信号接线端子进行检测,发现信号没有传送到电液转换器上,初步判断信号电缆故障。结合以往的故障分析,发现此前空压机透平轴密封圈出现泄漏,高温气体辐射到信号电缆上,导致仪表电缆保护套管被烤坏,信号传输电缆也被烤坏,最终发生信号故障,导致高位阀无法动作,机组工艺操作工手动停车。

2. 事故分析

从监控设备数据的状态趋势以及试验结果分析,确认当时的信号传输线出现短路,控制信号丢失,自动调节流量开关功能失效导致系统运行异常发生,并最终引起空压机停车事故。拆线检查确认电缆由于被烤导致线路故障。维护时,将信号电缆的穿线管用铁丝吊起,远离泄漏部位,下部采取用石棉板隔离的方法进行保护。

图 5-5 显示了空压机排气流量(A_aFI7601)由 132T 降至 0 的状态曲线图。

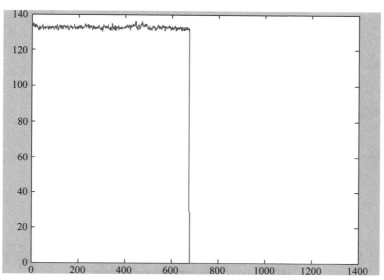

图 5-5　空压机排气流量变化的状态曲线图

图 5-6 显示了在发生故障时空压机 pSE7655、pSE7656、pSE7657 的转速由 11 149r/min 直接降至 0 的状态曲线图。

空压机 A_aFI7601 排气流量的监控数据如下:

131.8877	132.6079	133.4422	131.8619	131.2739	131.5553
132.9070	130.9663	132.1630	132.8402	132.7473	131.9344
132.7527	132.1004	131.8666	131.0347	132.6544	131.1929
132.6870	131.5085	131.4101	131.5507	131.3375	131.6185
132.0129	133.0345	131.6311	132.4577	132.7883	132.7623
132.6695	131.5038	132.1837	131.4313	131.8313	132.5042
132.2923	131.3540	132.0667	131.9528	131.8680	58.9349
0	0	0	0	0	0
0	0				

上面是事故发生当天的数据,也就是 24 小时的记录数据,DCS 每 10s

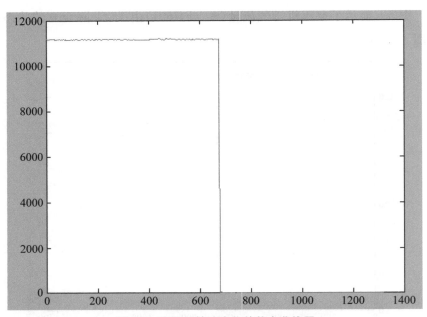

图 5-6　空压机转速变化的状态曲线图

进行一次数据采集。

空压机 pSE7655、pSE7656、pSE7657 的转速监控数据如下：

11173.18	11170.41	11169.72	11166.25	11156.56	11160.71
11164.18	11163.48	11160.71	11155.87	11156.56	11146.89
11146.20	11149.65	11155.87	11161.41	11169.72	11173.88
11169.72	11167.64	11159.33	11157.25	11156.56	11157.95
11162.79	11159.33	11156.56	11155.87	11156.56	11155.87
11163.48	11161.41	7232.40	1966.92	625.55	75.64
0	0	0	0	0	33.65
33.82	33.99	0	0	0	0
0	0				

上面是事故发生当天的数据，即 24 小时的记录数据，DCS 每 10s 进行一次数据采集。

5.5.3　贝叶斯网络溯源过程

贝叶斯网络溯源首先必须根据系统贝叶斯网络模型和故障传播的关联性建立故障溯源模型,然后利用该模型进行溯源。故障溯源模型是以贝叶斯网络模型的故障现象节点为终级节点,本例中的故障现象节点为 v_{18},刚好是贝叶斯网络模型的末节点。然后逆向查找到所有的前向相关节点。这些关联和节点最终生成了故障模型。假设该故障模型为 G_F,那么,原有的贝叶斯网络模型和故障模型之间存在式(5-19)所示的关系,即故障模型 G_F 必定为原系统模型 G 的一个子图。

G_F 模型如图 5-7 所示。

$$G_F \subseteq G \tag{5-19}$$

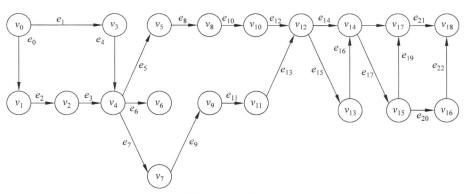

图 5-7　G_F 模型图

模型节点与系统设备的对应关系如表 5-3 所示。

表 5-3　模型节点与系统设备的对应关系

编　号	节 点 名 称	设 备 名 称
1	v_0	虚拟首节点
2	v_1	汽轮机

编　号	节 点 名 称	设 备 名 称
3	v_2	变速箱
4	v_3	空气过滤器
5	v_4	压缩机
6	v_5	旋拧阀 1
7	v_6	旋拧阀 2
8	v_7	开关阀 1
9	v_8	分子筛
10	v_9	冷凝器 4
11	v_{10}	旋拧阀 3
12	v_{11}	开关阀 2
13	v_{12}	增压机 1
14	v_{13}	冷凝器 3
15	v_{14}	增压机 2
16	v_{15}	冷凝器 1
17	v_{16}	电磁阀
18	v_{17}	增压机 3
19	v_{18}	虚拟尾节点

生成的故障模型中，G_F 节点集合为

$$V = \{v_0, v_1, v_2, v_3, v_4, v_5, v_6, v_7, v_8, v_9, v_{10}, v_{11}, v_{12},$$
$$v_{13}, v_{14}, v_{15}, v_{16}, v_{17}, v_{18}\}$$

边的集合为

$$E = \{e_0, e_1, e_2, e_3, e_4, e_5, e_6, e_7, e_8, e_9, e_{10}, e_{11}, e_{12}, e_{13}, e_{14},$$
$$e_{15}, e_{16}, e_{17}, e_{18}, e_{19}, e_{20}, e_{21}, e_{22}\}$$

故障模型的贝叶斯网络 $G_F = (V, E)$ 是一个有 19 个节点的图，它的 19 阶方阵 $\mathbf{Z} = (z_{ij})_{19 \times 19}$ 称为 G_F 的邻接矩阵。

$$
\mathbf{Z} = \begin{bmatrix}
0 & 1 & 1 & 0 & 0 & 0 & 0 & 0 & 0 & 0 & 0 & 0 & 0 & 0 & 0 & 0 & 0 & 0 & 0 \\
0 & 0 & 1 & 0 & 0 & 0 & 0 & 0 & 0 & 0 & 0 & 0 & 0 & 0 & 0 & 0 & 0 & 0 & 0 \\
0 & 0 & 0 & 0 & 1 & 0 & 0 & 0 & 0 & 0 & 0 & 0 & 0 & 0 & 0 & 0 & 0 & 0 & 0 \\
0 & 0 & 0 & 0 & 1 & 0 & 0 & 0 & 0 & 0 & 0 & 0 & 0 & 0 & 0 & 0 & 0 & 0 & 0 \\
0 & 0 & 0 & 0 & 0 & 1 & 1 & 1 & 0 & 0 & 0 & 0 & 0 & 0 & 0 & 0 & 0 & 0 & 0 \\
0 & 0 & 0 & 0 & 0 & 0 & 0 & 1 & 0 & 0 & 0 & 0 & 0 & 0 & 0 & 0 & 0 & 0 & 0 \\
0 & 0 & 0 & 0 & 0 & 0 & 0 & 0 & 0 & 0 & 0 & 0 & 0 & 0 & 0 & 0 & 0 & 0 & 0 \\
0 & 0 & 0 & 0 & 0 & 0 & 0 & 0 & 1 & 0 & 0 & 0 & 0 & 0 & 0 & 0 & 0 & 0 & 0 \\
0 & 0 & 0 & 0 & 0 & 0 & 0 & 0 & 0 & 1 & 0 & 0 & 0 & 0 & 0 & 0 & 0 & 0 & 0 \\
0 & 0 & 0 & 0 & 0 & 0 & 0 & 0 & 0 & 0 & 1 & 0 & 0 & 0 & 0 & 0 & 0 & 0 & 0 \\
0 & 0 & 0 & 0 & 0 & 0 & 0 & 0 & 0 & 0 & 0 & 1 & 0 & 0 & 0 & 0 & 0 & 0 & 0 \\
0 & 0 & 0 & 0 & 0 & 0 & 0 & 0 & 0 & 0 & 0 & 0 & 1 & 0 & 0 & 0 & 0 & 0 & 0 \\
0 & 0 & 0 & 0 & 0 & 0 & 0 & 0 & 0 & 0 & 0 & 0 & 0 & 1 & 1 & 0 & 0 & 0 & 0 \\
0 & 0 & 0 & 0 & 0 & 0 & 0 & 0 & 0 & 0 & 0 & 0 & 0 & 0 & 0 & 1 & 0 & 1 & 0 \\
0 & 0 & 0 & 0 & 0 & 0 & 0 & 0 & 0 & 0 & 0 & 0 & 0 & 0 & 0 & 0 & 1 & 1 & 0 \\
0 & 0 & 0 & 0 & 0 & 0 & 0 & 0 & 0 & 0 & 0 & 0 & 0 & 0 & 0 & 0 & 0 & 0 & 1 \\
0 & 0 & 0 & 0 & 0 & 0 & 0 & 0 & 0 & 0 & 0 & 0 & 0 & 0 & 0 & 0 & 0 & 0 & 1 \\
0 & 0 & 0 & 0 & 0 & 0 & 0 & 0 & 0 & 0 & 0 & 0 & 0 & 0 & 0 & 0 & 0 & 0 & 0
\end{bmatrix}
$$

此矩阵为模型的自动生成提供基础。

贝叶斯网络的参数确定是建模过程的一个重要组成部分。下面确定故障模型 G_{F} 参数(权重),即权重概率值。

由于系统的复杂性,参数确定采取综合的方法,主要的理论依据是采集数据的数理统计方法。对于那些能够提供可靠性试验数据的设备节点,直接援引其试验数据作为贝叶斯网络模型的参数值;对于那些无源可查的数据,本章采用统计学中的极大似然估计方法获得此类数据。

下面介绍确定概率特性的详细过程。

假设 X 为系统或设备的寿命,是随机的,并且在系统或设备的生命周期范围内能够完成其预定的功能。$F(t)$ 为 X 的分布函数。以此可定义以下函数:

$$F(t) = P(X < t) \tag{5-20}$$

其中,$t \geq 0$,$F(0) = 0$。$F(t)$ 是左连续的。

假设设备失效概率为 P,那么,对系统设备运行在 $[0, t]$ 区间(t 为设备运行时间)的失效概率进行确定,就有如下的表达形式:

$$P(X \geq t) = 1 - F(t) \tag{5-21}$$

定义

$$\bar{F}(t) = 1 - F(t) \tag{5-22}$$

其中的 $\bar{F}(t)$ 为系统或设备的可靠度函数或生存函数,它反映了系统的生存能力。

若 X 是一个连续的随机变量,具有概率密度 $f(t)$,则在 t 时刻,时间间隔 Δt 的失效条件概率可以表示为

$$
\begin{aligned}
P(X < t + \Delta t \mid X \geq t) &= \frac{F(t + \Delta t) - F(t)}{\bar{F}(t)} \\
&= \frac{f(t)}{\bar{F}(T)} \Delta t
\end{aligned} \tag{5-23}
$$

有了上述定义,就可以通过可靠性试验获得系统或设备的概率值。在控制调节下,试验数据的形式可以分为完整数据和截尾数据。现场采集的数据通常是截尾数据。

对压缩机组部分设备现场采集的截尾数据,见表 5-4。表中只展示了 50 个采集点的数据。通过对这些数据的概率似然估计,就能够计算出贝叶斯网络的部分参数值,然后利用参数值计算模型需要的权重,即概率值。

考察系统的故障概率以及故障的传播概率,就是考察系统的功能失效概率。

表 5-4　压缩机组部分设备现场采集的数据

A_API7640	A_ATI7601	A_API7601	A_AFI7601	A_ALI7651	A_API7658	A_RXI7645	A_ATI7611	A_API7611	PSE7655
0.212 454 2	29.548 23	95.595 24	129.982 2	45.177 04	9.957 265	19.524 22	13.736 26	0.504 761 9	11 196.8
0.212 332 1	29.670 33	95.595 24	130.028 4	45.207 57	9.963 370	19.908 75	13.736 26	0.504 761 9	11 195.4
0.212 332 1	29.609 27	95.595 24	129.751 0	45.238 09	9.963 370	19.377 73	13.736 26	0.5 045 177	11 194.0
0.212 576 3	29.609 27	95.595 24	130.535 3	45.207 57	9.963 370	19.908 75	13.736 26	0.504 761 9	11 193.3
0.212 576 3	29.609 27	95.595 24	131.040 3	45.207 57	9.969 475	19.428 08	13.736 26	0.504 761 9	11 194.7
0.212 332 1	29.548 23	95.595 24	129.764 3	45.146 52	9.969 475	19.524 22	13.736 26	0.504 761 9	11 195.4
0.212 576 3	29.548 23	95.595 24	129.380 3	45.207 57	9.975 580	19.569 99	13.736 26	0.504 761 9	11 194.7
0.212 087 9	29.670 33	95.595 24	130.397 2	45.116 00	9.981 685	20.348 22	13.736 26	0.505 006 1	11 196.1
0.212 332 1	29.609 27	95.595 24	130.489 3	45.207 57	9.975 580	20.783 11	13.736 26	0.504 761 9	11 194.0
0.212 820 5	29.548 23	95.555 56	129.440 1	45.146 52	9.987 790	19.959 11	13.736 26	0.505 006 1	11 196.1
0.212 576 3	29.609 27	95.595 24	129.704 7	45.207 57	9.987 790	19.862 97	13.736 26	0.504 761 9	11 194.7
0.212 820 5	29.548 23	95.595 24	130.986 9	45.177 04	9.987 790	20.105 59	13.736 26	0.504 761 9	11 194.7
0.212 332 1	29.609 27	95.595 24	131.281 0	45.268 62	9.987 790	20.540 48	13.736 26	0.504 761 9	11 193.3
0.212 454 2	29.609 27	95.595 24	130.074 5	45.329 67	9.987 790	20.009 46	13.736 26	0.504 761 9	11 194.0
0.212 454 2	29.548 23	95.595 24	129.532 8	45.421 25	9.993 895	20.151 37	13.553 11	0.504 761 9	11 192.6
0.212 332 1	29.548 23	95.595 24	128.975 7	45.329 67	10.000 00	20.636 62	13.553 11	0.505 006 1	11 192.6
0.212 820 5	29.548 23	95.595 24	129.704 7	45.421 25	10.006 10	20.201 73	13.553 11	0.504 761 9	11 192.6

A_API7640	A_ATI7601	A_API7601	A_AFI7601	A_ALI7651	A_API7658	A_RXI7645	A_ATI7611	A_API7611	PSE7655
0.212 454 2	29.548 23	95.595 24	130.719 1	45.299 14	10.006 10	20.009 46	13.736 26	0.505 006 1	11 190.6
0.212 698 4	29.548 23	95.595 24	131.588 9	45.360 20	10.006 10	20.444 35	13.553 11	0.504 761 9	11 190.6
0.212 454 2	29.609 27	95.595 24	131.144 3	45.360 20	10.012 21	20.247 50	13.736 26	0.504 761 9	11 189.9
0.212 454 2	29.548 23	95.595 24	130.856 9	45.482 30	10.012 21	21.025 73	13.736 26	0.504 761 7	11 189.2
0.212 698 4	29.548 23	95.595 24	130.640 0	45.451 77	10.018 32	20.151 37	13.736 26	0.504 761 9	11 187.1
0.212 698 4	29.548 23	95.595 24	129.889 8	45.451 77	10.018 32	19.524 22	13.553 11	0.504 761 9	11 187.8
0.212 820 5	29.548 23	95.595 24	131.353 0	45.390 72	10.024 42	19.959 11	13.553 11	0.504 761 9	11 187.8
0.212 454 2	29.548 23	95.595 24	129.982 2	45.482 30	10.024 42	19.716 48	13.553 11	0.504 761 9	11 186.4
0.212 087 9	29.548 23	95.595 24	129.810 5	45.512 82	10.024 42	19.959 11	13.736 26	0.504 517 7	11 185.7
0.212 698 4	29.548 23	95.595 24	130.166 8	45.543 35	10.030 53	20.009 46	13.736 26	0.504 517 7	11 184.3
0.212 576 3	29.548 23	95.595 24	130.259 0	45.726 50	10.030 53	20.201 73	13.553 11	0.504 761 9	11 182.9
0.212 820 5	29.548 23	95.555 56	130.133 7	45.665 45	10.030 53	20.879 24	13.553 11	0.504 761 9	11 183.6
0.212 942 6	29.609 27	95.595 24	130.074 5	45.818 07	10.030 53	19.766 84	13.553 11	0.504 517 7	11 182.9
0.212 698 4	29.670 33	95.595 24	130.364 1	45.726 50	10.030 53	19.959 11	13.736 26	0.504 517 7	11 183.6
0.212 820 5	29.670 33	95.595 24	130.522 4	45.726 50	10.036 63	20.297 86	13.553 11	0.504 517 7	11 182.9
0.212 576 3	29.670 33	95.595 24	129.771 7	45.848 59	10.036 63	20.636 62	13.736 26	0.504 517 7	11 181.5
0.212 454 2	29.670 33	95.595 24	129.262 0	45.879 12	10.036 63	20.105 59	13.736 26	0.504 517 7	11 182.9

续表

A_API7640	A_ATI7601	A_API7601	A_AFI7601	A_ALI7651	A_API7658	A_RXI7645	A_ATI7611	A_API7611	PSE7655
0.212 576 3	29.548 23	95.595 24	130.739 3	45.879 12	10.036 63	20.686 97	13.553 11	0.504 517 7	11 181.5
0.212 332 1	29.548 23	95.595 24	128.796 9	46.001 22	10.036 63	20.009 46	13.736 26	0.504 517 7	11 181.5
0.212 698 4	29.670 33	95.555 56	127.875 9	46.062 27	10.036 63	19.812 62	13.553 11	0.504 517 7	11 182.2
0.212 454 2	29.670 33	95.595 24	129.725 5	46.062 27	10.036 63	19.908 75	13.553 11	0.504 273 5	11 183.6
0.212 576 3	29.548 23	95.595 24	129.493 9	46.184 37	10.030 53	20.732 75	13.553 11	0.504 517 7	11 182.2
0.212 454 2	29.609 27	95.595 24	129.241 0	46.001 22	10.036 63	19.959 11	13.736 26	0.504 517 7	11 182.2
0.212 820 5	29.548 23	95.595 24	129.447 6	46.184 37	10.030 53	19.959 11	13.553 11	0.504 517 7	11 182.2
0.212 698 4	29.548 23	95.595 24	129.599 9	46.214 90	10.036 63	20.151 37	13.553 11	0.504 517 7	11 182.2
0.212 698 4	29.548 23	95.595 24	129.646 2	46.153 85	10.036 63	20.105 59	13.553 11	0.504 517 7	11 182.2
0.212 454 2	29.609 27	95.595 24	129.182 7	46.184 37	10.030 53	20.393 99	13.736 26	0.504 517 7	11 182.9
0.212 332 1	29.548 23	95.595 24	129.956 6	46.214 90	10.024 42	20.009 46	13.553 11	0.504 761 9	11 182.9
0.212 576 3	29.548 23	95.555 56	130.074 5	46.275 95	10.024 42	19.569 99	13.553 11	0.504 517 7	11 184.3
0.212 210 0	29.548 23	95.555 56	129.586 6	46.275 95	10.024 42	19.716 48	13.736 26	0.504 517 7	11 184.3
0.212 576 3	29.548 23	95.595 24	129.704 7	46.275 95	10.024 42	20.540 48	13.553 11	0.504 517 7	11 184.3
0.212 698 4	29.548 23	95.595 24	129.632 9	46.337 00	10.018 32	19.908 75	13.736 26	0.504 273 5	11 183.6
0.212 210 0	29.548 23	95.555 56	129.910 4	46.398 05	10.012 21	19.908 75	13.553 11	0.504 517 7	11 185.0

　　系统的机电设备寿命一般都服从威布尔(Weibull)分布,由于寿命试验具有破坏性并且试验时间较长,参数计算只能采用小样本不完全数据外推方式。威布尔分布的特殊情况是寿命服从指数分布,即

$$F(t) = 1 - e^{-t/\theta} \quad 或 \quad f(t) = \frac{1}{\theta} e^{-t/\theta} \tag{5-24}$$

其中,$\theta > 0$,$t > 0$。

　　对某个设备如果进行了 n 次试验,测试时间为 τ,有 r 次失效时间为

$$t_1 \leqslant t_2 \leqslant \cdots \leqslant t_r \leqslant \tau \tag{5-25}$$

其余 $n-r$ 次设备的失效时间为

$$\tau < t_{r+1}^* \leqslant t_{r+2}^* \leqslant \cdots \leqslant t_n^* \tag{5-26}$$

现在用极大似然法估计未知参数 θ,似然函数为

$$L = \left(\frac{1}{\theta}\right)^r \exp\left(-\frac{1}{\theta} \sum_{i=1}^{r} t_i\right) \left(\frac{1}{\theta}\right)^{n-r} \exp\left(-\frac{1}{\theta} \sum_{i=r+1}^{n} t_i^*\right) \tag{5-27}$$

　　这里 $n-r$ 次失效的时间是未知的,所以不能直接使用 L 求出 θ 的估计值,但可以使用 $n-r$ 个观察数据大于 τ 得到这个值,其概率为

$$(1 - F(\tau))^{n-r} = \exp\left(-\frac{(n-r)\tau}{\theta}\right) \tag{5-28}$$

　　这样,似然函数 L 就可以表示为

$$\begin{aligned}
L_1 &= \left(\frac{1}{\theta}\right)^r \exp\left(-\frac{1}{\theta} \sum_{i=1}^{r} t_i\right) \exp\left(-\frac{(n-r)\tau}{\theta}\right) \\
&= \left(\frac{1}{\theta}\right)^r \exp\left(-\frac{1}{\theta} \sum_{i=1}^{r} t_i + (n-r)\tau\right)
\end{aligned} \tag{5-29}$$

由

$$\frac{\mathrm{d}\ln L_1}{\mathrm{d}\theta} = -\frac{r}{\theta} + \frac{1}{\theta^2}\left(\sum_{i=1}^{n} t_i + (n-r)\tau\right) = 0$$

求得 θ 的极大似然估计值:

$$\hat{\theta} = \frac{1}{r}\left(\sum_{i=1}^{n} t_i + (n-r)\tau\right) \tag{5-30}$$

电磁开关阀 V－1 对应的节点为 v_{13}，其寿命为 20 年，现在使用了 10 年，根据监控取得现场数据，此时现场工作失效，并且此类失效为第一次出现。其概率值的计算方法如下。

首先用式(5-30)求出参数 θ 的极大似然估计值：

$$\hat{\theta} = \frac{1}{r}\left(\sum_{i=1}^{n} t_i + (n-r)\tau\right)$$
$$= \frac{1}{1}(10 + (20-1)20)$$
$$= 390$$

然后用式(5-24)求概率 $f(t)$：

$$f(10) = \frac{1}{390}\mathrm{e}^{-10/390} \approx 0.0026$$

其他设备的参数求解与此相同。压缩机组的贝叶斯网络模型概率特性如表 5-5 和表 5-6 所示。表中的 v_0 为虚拟节点，为了方便搜索计算，其概率值设为 1。

表 5-5　模型先验概率

v_i	$p(v_i)/\%$	v_i	$p(v_i)/\%$
v_0	100	v_{10}	26
v_1	35	v_{11}	26
v_2	40	v_{12}	35
v_3	20	v_{13}	20
v_4	35	v_{14}	35
v_5	26	v_{15}	20
v_6	26	v_{16}	40
v_7	26	v_{17}	35
v_8	20	v_{18}	100
v_9	25		

表 5-6　模型传播概率

e_i	$p(e_i)/\%$	e_i	$p(e_i)/\%$
e_0	100	e_{12}	10
e_1	100	e_{13}	10
e_2	25	e_{14}	8
e_3	20	e_{15}	10
e_4	20	e_{16}	15
e_5	10	e_{17}	20
e_6	10	e_{18}	8
e_7	10	e_{19}	15
e_8	10	e_{20}	25
e_9	10	e_{21}	100
e_{10}	10	e_{22}	100
e_{11}	10		

如果关联节点为 i、j，其中，i 为前驱节点，j 为后继节点；节点 i 的先验概率是 $p(i)$，节点 j 的先验概率是 $p(j)$，前驱节点 i 对后继节点 j 的条件概率为 $p(i|j)$，并且可以通过上述统计方法利用 $p(i|j)$ 得到故障传播概率 $p(ij)$。例如，压缩机组贝叶斯网络模型的关联节点之间有如下的关系：

$$p(i \mid j) = p(ij)/p(j) \tag{5-31}$$

故障传播概率的计算如下：

$$p(i \mid j) = p(j)p(i \mid j)/p(i) \tag{5-32}$$

按照贝叶斯网络的推理原理，每条边的故障传播概率能通过式(5-32)和表 5-5 中的先验概率值计算出来。计算结果见表 5-7。为了方便搜索计算，表 5-7 中 e_0、e_1 的故障传播概率值均设为 1。

使用最大路径求解算法，查找故障最大传播路径。第一轮搜索的最大路径为

$$v_0 \rightarrow v_3 \rightarrow v_4 \rightarrow v_7 \rightarrow v_9 \rightarrow v_{11} \rightarrow v_{12} \rightarrow v_{14} \rightarrow v_{17} \rightarrow v_{18}$$

表 5-7　节点关联的故障传播概率

v_i	e_k	v_j	$p(v_i\|v_j)$	v_i	e_k	v_j	$p(v_i\|v_j)$
v_0	e_0	v_1	100	v_{10}	e_{12}	v_{12}	7
v_0	e_1	v_3	100	v_{11}	e_{13}	v_{12}	7
v_1	e_2	v_2	21	v_{12}	e_{14}	v_{14}	8
v_2	e_3	v_4	23	v_{12}	e_{15}	v_{13}	17
v_3	e_4	v_4	11	v_{13}	e_{16}	v_{14}	9
v_4	e_5	v_5	13	v_{14}	e_{17}	v_{15}	35
v_4	e_6	v_6	13	v_{14}	e_{18}	v_{17}	8
v_4	e_7	v_7	13	v_{15}	e_{19}	v_{17}	11
v_5	e_8	v_8	18	v_{15}	e_{20}	v_{16}	13
v_7	e_9	v_9	10	v_{17}	e_{21}	v_{18}	35
v_8	e_{10}	v_{10}	7	v_{16}	e_{22}	v_{18}	26
v_9	e_{11}	v_{11}	7				

对最大路径上的节点进行状态检查,对异常状态节点进行校正测试。如果异常现象消除,那么该节点即为所求的故障源。如果此路径中无异常状态节点,继续搜索下一最大路径,并检查节点状态。再次搜索得到的最大路径为

$$v_0 \rightarrow v_3 \rightarrow v_4 \rightarrow v_7 \rightarrow v_9 \rightarrow v_{11} \rightarrow v_{12} \rightarrow v_{14} \rightarrow v_{15} \rightarrow v_{16} \rightarrow v_{18}$$

在进行节点状态检查时发现节点 v_{16} 状态异常,测试确认该设备失灵,即电磁阀不能按照指令要求对开度进行调节。进一步检查发现控制信号不能到达电磁阀,从外观上看,电磁阀传输线有烤焦现象。更换传输线,结果故障排除。最终确认系统异常是由电磁阀 V-1 失效导致的,并认为 v_{16} 节点是引起 v_{18} 节点异常的故障源。

与手工查找故障方法相比,贝叶斯网络模型故障溯源比较快速、简洁、高效、实用,能够满足实际查找故障的要求,并精确定位故障源,可以为企业

安全生产提供切实的帮助。另外,贝叶斯网络模型参数既可以是统计数据、文献数据,也可以是经验数据或其他方式获得的有效数据。数据来源越丰富,求解问题也就越准确。贝叶斯网络模型故障溯源方法也可以用于分布式复杂机电系统事故预防策略的确定,提高系统的安全性。

5.6　本章小结

本章在建模研究成果的基础上,进一步研究了系统安全性的一个重要应用——故障溯源,并提出了一种基于贝叶斯网络模型的故障溯源方法。贝叶斯网络模型是 DAG 模型的经典代表,能很好地应用于系统维护的故障溯源。本章主要完成了以下工作:定义了系列建模规则,根据规则建立了系统的贝叶斯网络模型;利用贝叶斯网络解决不确定性问题的优势对问题进行推理、分析与定位,实现了基于贝叶斯网络模型的故障溯源过程。本章最后的应用实例说明,在分布式复杂机电系统出现异常时,贝叶斯网络模型能够方便、快速地进行故障定位,为维护决策提供有效的指导。

第 6 章

分布式复杂机电系统的可视化技术

分布式复杂机电系统建模是系统安全分析的一项基础性工作，建模的意义就在于让模型在实际中得到应用，指导安全生产。手工绘制庞大而复杂的工业系统是不可能的，为此，本章介绍分布式复杂机电系统模型的自动生成算法，奠定系统安全技术理论和实际应用相结合的基础。本研究在分布式复杂机电系统建模与安全分析等前期理论研究的基础上，开发了一套系统建模与安全分析的原型系统。该原型系统以某化工集团的生产过程为原型对象，是分布式复杂机电系统建模与安全分析技术的应用。本章按照软件系统开发过程展示前面研究成果的应用情况。通过对系统建模的应用分析，构建了该原型系统的体系结构与功能组成。在系统体系结构与功能组成的基础上，划分并界定了该原型系统所包含的主要模块以及各模块的功能。

6.1　模型生成算法研究

分布式复杂机电系统网络模型是用来分析和仿真系统可靠性、安全性等问题的有效工具[165]。它能够帮助人们更加容易地理解系统内部复杂问

题的演化过程,例如故障的传播过程、多因素相互作用、时序变化等。作为
一种有效的分析工具和解决问题的手段,网络模型被广泛应用于机械、电
子、石化等行业,并发挥了重要的作用。当前已有的模型工具很多,但由于
采用人工绘制模型而受到很多限制。当系统信息发生变化时,人工绘制的
模型不能及时反映数据的变化情况。

目前,出现了一些关于模型自动生成技术方面的研究,例如,关于模型
自动生成理论和方法的研究[166-169]、关于图形布局设计的研究[166-169]、关于图
形可视化方法的研究[172-174]、关于模型行业应用的研究[175,176]、关于图形生成
算法的研究[177,178]等。上述方法在解决模型通用性方面还是不够的。本章
的分布式复杂机电系统网络模型自动生成算法基于集合迭代运算,一次性
生成网络模型,计算速度快,精度高,能够满足大数据量模型的生成。

6.2　网络模型分析及处理

分布式复杂机电系统网络模型一般由节点、边、参数、标识等元素组成。
任意两个节点之间通过边相互关联,所有节点和边最终形成一个相互交织
的网络。这些节点或边又以标识相互区别,所有的标识表示元素所具有的
定性或定量属性信息。因此,可以使用数学中的图表示网络模型。假设网
络模型记为 G,模型的节点集合记为 V,边集合记为 E,那么,就有如下形式
的网络模型:

$$G = (V, E) \tag{6-1}$$

$$V = \{v_i \mid i = 1, 2, \cdots, n\} \tag{6-2}$$

$$E = \{e_i \mid i = 1, 2, \cdots, n\} \tag{6-3}$$

$$P = \{p_i \mid i = 1, 2, \cdots, n\} \tag{6-4}$$

其中,v_i 表示模型的第 i 个节点,e_i 表示模型的第 i 条边,p_i 表示模型的第 i
个参数。

本研究设计了一个数据表,用来存储网络模型图的组成要素。使用这个数据表保存模型的前驱节点、后续节点以及相应节点的编号和该条记录的标号等信息,就能够反映整个网络模型的情况。因此,使用这种数据表保存基础数据不会丢失任何信息,并且是适合的。数据表的结构如下所示:

$$网络模型表(标识,关联,前驱节点 ,后继节点,参数)$$

其形式化表示为

$$R =(\text{id},e,v_{\text{s}},v_{\text{e}},p) \tag{6-5}$$

这里的 R、id、e、v_{s}、v_{e}、p 分别代表上述网络模型的数据表、标识、关联、前驱节点、后继节点、参数。为了后面的运算方便,同时 R 主要反映了 v_{s} 和 v_{e} 的序列关系,所以使用一个序偶 v_{s}、v_{e} 简化 R 的表示,即用一个有向节点对代表网络模型 R,v_{s} 为前驱节点、v_{e} 为后继节点。

$$R =(v_{\text{s}},v_{\text{e}}) \tag{6-6}$$

6.3　算法实现

6.3.1　模型组成分析

网络模型是为了解决制造系统存在的问题而绘制的一种用于分析和仿真的图形。它一般是根据实际的分布式复杂机电系统或复杂装备的物理结构或者逻辑关系,通过抽象而建立的一种可视的、直观的模型表达。它把忽略了形状与大小的物理实体或者某些逻辑单元(如故障类型、功能单元等)抽象为节点,把这些节点间的相互作用、耦合关联关系等抽象为边,以节点和边的属性、量化值等作为参数,最终形成网络模型的元素,并使用圆圈(或圆点)、线条、数字符号分别代表节点、边、参数。

网络模型是用来刻画和描述现实系统的,所以它必须能够形象、直观地展示现实系统。如果使用的网络模型是普通的连通网络,即使用不带方向的线条直接连接节点,任意两个节点之间最多只能存在一条连线。如果使用的网络模型是有向图,即图中所有连接都以带有方向的连线表示,那么任意两个节点之间都不能有回路,即不能形成环。这样才符合分布式复杂机电系统的介质流动的实际情况,从而使建立的网络模型符合有用性的要求。

为了保障生成的网络模型准确,做如下规定:

- 对节点进行编号,编号必须遵从系统介质的耦合顺序。这种顺序可以是物质流的流动顺序,也可以是电流的流动顺序,还可以是系统故障传播顺序,又可以是系统信号的时序,等等。
- 任意两个节点之间的关系在数据库中只能保存一条记录,否则将会产生冗余,造成网络模型自动生成错误。

系统模型的节点数据必须具备完整性,也就是建成后的整个网络必须是连通的或弱连通的。不能同时形成多个网络。

6.3.2　算法思想

网络模型自动生成算法包括以下 3 个主要步骤:

(1) 节点的绘制。首先找到具有最小编号的始节点。如果实际系统是多输入系统,则有多个始节点,针对这种系统,可以通过两种办法解决:一是虚拟一个始节点,把现有的多个输入作为虚拟始节点的后继节点;二是在搜索后继节点时,判断是否存在多输入节点,如果存在则直接按照多输入的情况进行图形绘制处理。接下来搜索与初始节点关联的后继节点,重复搜索直到所有初始节点的后继节点都被搜索完毕为止。对于绘制节点的定位问题,这里主要考虑美观性,按照最少线条、最少交叉的原则对网络的组成要素进行布局,采用的计算方法将在 6.3.3 节介绍。

(2) 边的绘制。在节点绘制中已经部分地考虑到连线问题。进一步的分析发现,任意两个节点的连线都可以归结为两种基本形式,分别为同层次节点的连接和不同层次节点的连接。所以,边的绘制只需处理这两种形式,并且整个网络模型也只有这两种形式的边。边的位置计算将在 6.3.3 节介绍。

(3) 属性与参数的标注。要求标注清晰,不产生歧义,同时要美观,并遵从行业的习惯。标注位置依据上述节点和边的位置确定。

模型绘制过程中涉及很多计算,主要有集合运算、代数运算和逻辑运算。这些计算都是动态的,计算过程在内存中实施,整个计算过程需要输入基础信息并输出最终的结果。算法定义了 4 个集合变量 A、B、C、D。其中,A 保存从数据库中提取的结构化数据信息,B 保存当前处理的节点的信息,C 保存当前处理的节点的暂存信息,D 保存当前节点的后继节点信息。算法首先提取网络模型的所有结构化信息,并保存在集合变量 A 中,接下来进行相应的各种计算。

根据式(6-2)和式(6-6)可知

$$\forall v_s, \quad \forall v_e \in V \Rightarrow R \subseteq V \times V = V^2 \tag{6-7}$$

进一步可知

$$A \subseteq V^2, \quad B \subseteq V^2, \quad C \subseteq V^2, \quad D \subseteq V^2 \tag{6-8}$$

(1) 对提取的数据进行分类计算,将结果保存在对应的 B、C、D 变量空间中:

$$B = \{A(v_{si}, v_{ej}) \wedge v_{si} = v_1\} \tag{6-9}$$

其中,v_1 为编号最小的始节点。

$$C = \{(v_{si}, v_{ej}) \mid \forall (v_{si}, v_{ej}) \in A(v_{si}, v_{ej}) \wedge B(v_{em}, v_{sn}) \wedge v_{ej} = v_{sn}\} \tag{6-10}$$

$$D = \{C(v_{ei}, v_{ej}) \mid v_{ei} \in V \wedge v_p, v_t \in V \wedge \forall v_p \neq \forall v_t\} \tag{6-11}$$

(2) 定位参数计算,此部分进行的是代数运算。

$$x = x_1 + af \tag{6-12}$$

其中,x_1 为初始水平方向的位置;a 为水平均布常量,也就是节点水平跳动步长,$a = l/t$,l 为画布的长度,t 为节点水平层次总数;f 为当前绘制节点所在的水平层次号。式(6-12)保证了节点水平方向上的均匀分布。

$$y = bm + (y_1 - b(n-1))/2 \qquad (6\text{-}13)$$

其中，b 为垂直均布常量，也就是垂直步长，$b = h/n$，h 为画布的宽度，n 为当前绘制节点的垂直层次数量；y_1 为初始垂直方向的位置；m 为当前绘制节点所在的垂直层次号。式(6-13)保证了绘制节点垂直方向上的均匀分布。

网络模型自动生成算法流程如图 6-1 所示。

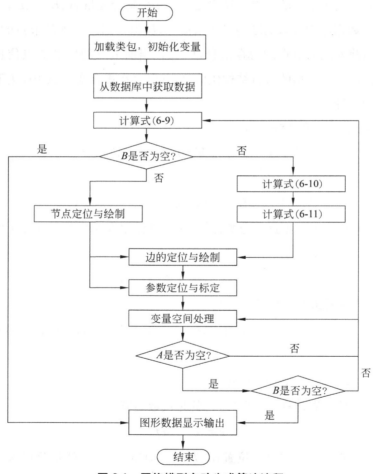

图 6-1　网络模型自动生成算法流程

6.3.3　算法模型

本节使用类 Java 代码说明算法的实现过程，只给出主要处理方法的程序代码。

（1）装载 Java 类包：

```
import iqs.*;                        //加载自定义类库
import java.awt.*;                    //加载图形显示类库
import javax.servlet.*;                //加载 Servlet 类库
import com.sun.image.codec.jpeg.*;    //加载流数据的输出函数库
```

（2）初始化变量 A、B、C：

```
private Struct A = new AStruct ();
private Struct B = new AStruct ();
private Struct C = new AStruct ();
private Struct D = new AStruct ();
```

（3）获取数据库中的数据，并保存在变量 A 的空间中：

```
A= managerLocator.getMAManager()
    .findByProperties(new String[] { "Aid" },new Object[] { Mid });
```

（4）初始化图形属性变量：

```
response.setContentType ("image/gif");
int wid = 1000,hig = 480;
BufferedImage image = new BufferedImage (wid, hig + 30, BufferedImage.
TYPE_INT_RGB);
Graphics2D G = image.createGraphics ();
private Font mFont = new Font("宋体", Font. PLAIN, 16);
float lineWidth = 2.0f;
((Graphics2D) G) .setStroke (new BasicStroke (lineWidth));
G.setFont (mFont);
```

（5）数据分类。

使用 B 变量的空间保存当前处理的节点：

```
B.add (A.getAll (vₛ));              //s 为当前处理节点,初始设为网络的始节点
```

使用 C 变量的空间保存后继节点：

```
C.add (A.get(B.getAll (vₑ)));   //e 为 B 的后继节点
```

（6）使用 D 变量的空间保存当前节点无重复的后继关联节点。

```
D.add(C. getAll (vue));            // vue 为无重复节点
```

定位节点位置：

```
x = 10 + v * (f);
y = h * m + (hig - h * (n_n - 1))/2;
```

绘制节点：

```
G.fillOval(x, y, α, β);            // α、β 为节点大小参数
```

定位边的位置，包括起始位置和终点位置。分两种情况：同层次节点的边位置确定和不同层次节点的边位置确定。

同层次的边又分为由上往下绘制和由下往上绘制两种情况。

由上往下绘制：

```
x₂ = x;
y₂ = h * c + (hig - h * (n_n - 1))/2;
G.drawArc(x + 15 - 25 * (c - m), y + 15, 50 * (c - m), h * (c - m), 90, -180);
```

由下往上绘制：

```
G.drawArc(x + 15 - 25 * (m - c), y₂ + 15, 50 * (m - c), h * (m - c), 90, -180);
G.drawString ("e"+ String.valueOf (C.get (n).getPara ()),
              (x + x₂)/2 - 15+ 25 * (Math.abs(c - m)),
              (y + y₂)/2 + 15);
```

不同层次边的确定：

```
x₂ = 10 + v * (f + 1);
y₂ = h * t + (hig - h * (v_n - 1))/2;
G.drawLine(x + 15, y + 15, x₂ + 15, y₂ + 15);
G.drawString ("e"+ String.valueOf (C.get (n). getPara ()), (x + x₂)/
             2 + 10, (y + y₂)/2 + 15);
G.drawString ("v"+ String.valueOf (B.get(m). getPara()), x + 6, y + 19);
```

（7）如果 A 集合非空，继续找到 D 集合中节点的后继节点，保存到清空的 B 集合中：

```
B.add(A.get(D.getAll(q)));
```

使用 C 集合保存 B 集合节点的后继节点，使用 D 集合保存无重复的 C

集合节点：

```
C.add(B.getend(e));
D. add(C.getnoduplication(s));
```

（8）将缓冲区中的图形编码为 JPEG 格式，使用流方式输出图 G，并在浏览器中显示：

```
G = JPEGImage (OBJ-G);
G.OUT;
```

算法至此结束。

6.4　应用实例

　　本章内容是分布式复杂机电系统建模与安全分析研究理论转化为实践的一个技术难点。利用网络模型的自动生成技术已经完成了实际应用的原型系统开发。系统采用了 B/S 架构和常用的 Tomcat 5.5 发布系统。针对使用浏览器显示图形非常困难的情况，实现了浏览器端网络模型的自动生成与显示。

　　图 6-2 是一个分布式复杂机电系统的设备连接图。此系统由 18 个设

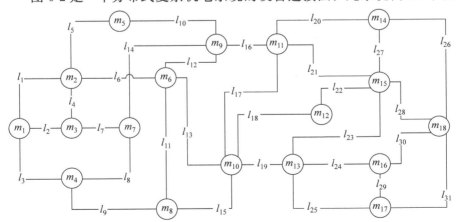

图 6-2　一个分布式复杂机电系统的设备连接图

备、31 条连接组成。其结构化数据如表 6-1 所示。表 6-1 记录了系统的信息，并且提供了自动生成网络模型图的基础性数据。

表 6-1　系统结构化数据

MODELID	EDGE_ID	F_NODE	S_NODE
1	1	1	2
1	2	1	3
1	3	1	4
1	4	2	3
1	5	2	5
1	6	2	6
1	7	3	7
1	8	4	7
1	9	4	8
1	10	5	9
1	11	6	9
1	12	6	10
1	13	6	8
1	14	7	9
1	15	8	10
1	16	9	11
1	17	10	11
1	18	10	12
1	19	10	13
1	20	11	14
1	21	11	15
1	22	12	15
1	23	13	15

续表

MODELID	EDGE_ID	F_NODE	S_NODE
1	24	13	16
1	25	13	17
1	26	14	18
1	27	14	15
1	28	15	18
1	29	16	18
1	30	16	17
1	31	17	18

图 6-3 展示了一个由自动生成算法绘制的网络模型。它由 18 个节点、31 条边以及相应的参数和标识组成。

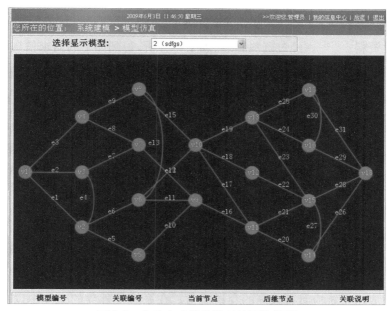

图 6-3 自动生成算法绘制的网络模型

6.5　建模需求分析

　　本研究得到了国家 863 计划重大产品与重大设施寿命预测技术专题项目"面向化工生产装置的系统安全分析方法与风险控制技术研究"和国家 863 计划的"石化设备群的故障诊断与健康状态管理系统研究及开发"的支持。本研究开发了一套全面实现安全分析与风险控制技术的应用系统,它包括硬件和软件两大部分。硬件部分大多采用了可以集成的标准化设备,如服务器、交换设备、工作站、PC 等;部分专用设备进行了自主研发,如采集卡、手持式数据采集终端器等。软件部分则全部自主完成。这不仅是本研究中的一个重点,同时也是某化工企业安全生产问题的一套有效的解决方案。在研究以该化工企业作为研究和应用的实体对象,通过对整个行业的安全现状的调研,并结合该化工企业的生产实际情况,获得较为完整的研究与开发资料[179-181]。经过资料整理、加工与分析,得到如下的需求信息:

- 能够自动实现模型基础数据的采集功能。由于系统数据量庞大,建模时要提供丰富的操作功能和用户接口,可支持多种数据格式文件的导入导出,包括.TXT、.DOC、.XLS 以及其他常见的数据格式。

- 能够保证系统建模的完整性。模型是对整个系统的抽象,在建模时不能丢失任何细小数据,这些数据是其他安全性分析与应用的基础,任何差错或失误都会导致整个模型失效。

- 能够保证系统与模型的一致性。模型数据会根据实际情况时常发生改动和变更,模型要适应这种动态变化,始终保持系统与模型的一致性。

- 应用系统应具有较高的容错能力。在系统同外界的交互中以及系统自身的运行过程中,系统要具有鲁棒性以及自动纠正各种错误的能力,如用户输入错误、不经意的误操作以及内部耦合的不相容等。

- 应用系统应具备自导航能力。应用系统的操作要具有智能性，能够让用户见名知义，能够自动引导用户进行正确的操作。
- 界面要友好。界面要符合人们的操作习惯，有用信息尽量显示在屏幕左上方，图形尽量使用冷色调，版面要简洁。
- 系统操作尽量智能化，尽可能减少用户的交互性动作。能够使用点击完成的功能就不要设计为键盘输入方式，能够通过一次点击完成的功能就不要设计成更多次的点击操作。

6.6　系统体系结构与功能组成

6.6.1　系统的体系结构

应用系统采用了 B/S 模式三层网络结构，如图 6-4 所示。应用系统的技术路线采用了 J2EE 的三层 B/S 结构模式，J2EE 的技术路线能使应用系统具备很好的通用性。

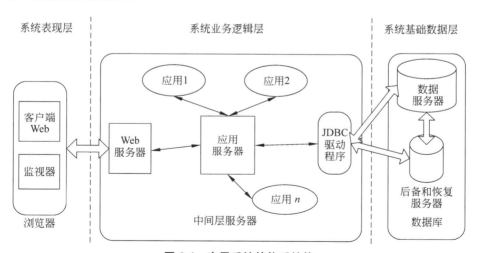

图 6-4　应用系统的体系结构

应用系统体系结构可划分为 3 层：系统表现层、系统业务逻辑层以及系统基础数据层。

系统表现层主要是为了实现系统安全性而设计的系统与用户的接口部分。系统状况和系统重要结果的展示都是通过统一的、通用的 IE5.0 以上的浏览器完成的。用户通过统一的客户端浏览器界面访问系统,或通过监视器观察系统的安全情况。具体的界面根据实际的需要而定。主要的应用功能包括系统安全性优化配置、系统故障溯源、系统建模与仿真、系统安全分析、系统维护与维修等部分。用户对系统安全性控制的所有操作基本上都采用键盘输入和鼠标点击的方式。

系统业务逻辑层是系统安全性分析与控制的基本部分,系统安全性分析与控制的所有算法、业务逻辑关系和操作规程都集成在此部分。它使用通用的服务器端关联软件 Tomcat 5.5 发布和管理系统,管理和响应客户端发来的请求,并根据请求内容直接和客户端交互或者与应用务器交互。如果客户端请求是一个复杂的业务过程,Web 服务器继续请求应用服务器,应用服务器根据请求内容调用相应的应用服务。请求的如果是后台的数据库中的数据,应用服务器通过 JDBC 数据服务接口访问数据服务器,将访问结果返回给 Web 服务器或者直接返回给浏览器。

系统基础数据层是指系统运行必要的数据库系统的支持,本系统采用了 Oracle 10.0 数据库管理系统作为系统安全性应用的后台数据库。Oracle 数据库有很强的并发能力,可以实现大数据量的快速存储。基于安全性考虑,系统采用了双机热备份的形式,保证工作系统在偶然瘫痪的情况下能够得到恢复。另外,系统利用了 Hibernate 的后台数据持久化封装技术,大大地提高了系统的运行效率。

搭建整个应用系统使用 JSF(Java Server Faces)快速页面开发技术,它能高效地进行页面组件的封装。后台数据层采用 Spring 组件实现了依赖注入等编程方法,以提高系统的开发效率。系统还使用了 JBPM 工作流引擎技术和 JFreeChart 图形组件技术。上述所有技术都是基于 BEA Workshop

Studio 集成开发环境完成的。应用系统的客户端在 Windows XP 操作系统环境下进行开发和调试。应用服务器为 Tomcat 5.5。系统安全性应用是以某化工企业的汽化工段为原型对象进行开发实现的。

6.6.2　系统的功能组成

　　本章介绍的应用系统的功能主要有系统建模、系统安全性资源优化配置、系统故障溯源以及系统安全性维护与仿真等。系统建模是其他功能实现的基础,其他功能是系统模型的具体应用形式。这些功能相互关联,共同构成安全性应用系统。

　　应用系统的功能组成如图 6-5 所示。

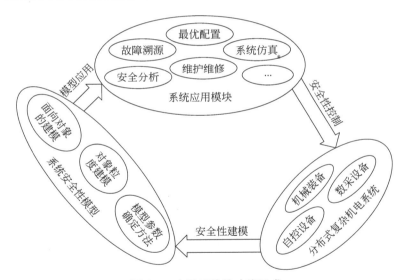

图 6-5　应用系统的功能组成

　　此应用系统是国家 863 研究课题下的一项要求,是化工装置系统安全分析与风险控制应用研究的一个重要部分。此应用系统综合运用了复杂网络理论、DAG 建模技术、基于动态规划的配置优化技术、基于贝叶斯网络的故障溯源技术等研究的成果,实现了理论与实际的结合。

6.6.3 系统的工作环境要求

应用系统完全采用了 B/S 架构,应用系统的开发和运行都是基于这一架构而配置的,因此对服务器端以及客户端的性能有一定要求。

系统软件配置如下:

- 服务器操作系统:Lunix/Microsoft Windows Server 2003 SP1。
- 客户端操作系统:Microsoft Windows XP/2000/2003。
- 数据库:Oracle 10.0。
- 浏览器:Internet Explorer 7。
- Java 环境:JDK1.5.0.11。
- 应用服务器:Tomcat 5.5。
- 集成开发环境:BEA Workshop Studio 3.2/3.3。
- 版本管理软件:SVN Server 1.3+1.2.4(for Eclipse)。
- 其他软件:无。

服务器端硬件要求如下:

- CPU:Pentium Dual Core 2.6GHz 以上。
- 内存:8GB 以上。
- 硬盘:20TB 以上。
- 网络:1000Mb/s 及以上以太网/Internet。

客户端硬件要求如下:

- CPU:Pentium Dual Core 1.6GHz 以上。
- 内存:2GB 以上。
- 硬盘:80GB 以上。
- 网络:10Mb/s 及以上以太网/Internet。
- 分辨率:建议使用标准 1024×768 分辨率。

6.7　主要功能模块

本节介绍基础信息采集、模型参数设置、模型生成和模型仿真 4 个主要功能模块。

6.7.1　基础信息采集模块

1. 建立模型节点

模型节点是分析系统安全性的基本单位。模型节点粒度直接影响到问题分析和求解的难易程度。从理论上说,节点越小,问题定位越准确,但节点太小在现实中很可能是不必要的。另外,节点太多会影响系统的安全性计算,产生很大的工作量并带来问题解决的复杂性。因此,选择合适的节点粒度很重要。此模块一般由专业人员使用,一次性建成,此后一般很少改动。通常情况下,把独立的单元设备作为一个节点。建立模型节点模块页面如图 6-6 所示。

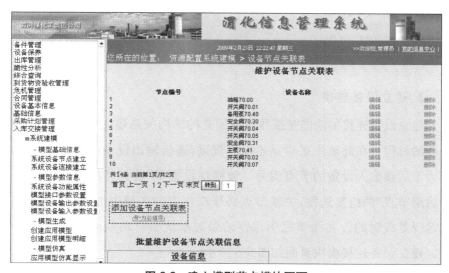

图 6-6　建立模型节点模块页面

　　建立了系统模型节点之后,通过单击"保存"按钮把节点信息保存到应用系统的数据库中。同时,系统中的设备信息会在一个自动刷新的页面中显示,如图 6-7 所示。

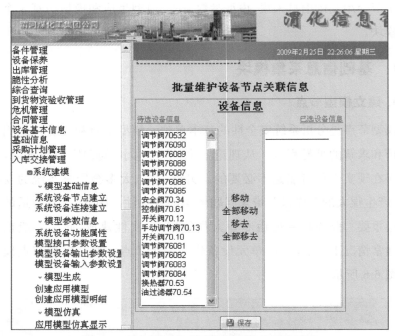

图 6-7　保存新建节点后的设备信息显示页面

2. 建立设备连接

　　建立设备连接的功能是按照设备固有的结构关系建立设备之间的连接关系的过程。在此要注意建立连接的规则,连接输出设备的节点编号一定要大于后续输入设备的节点编号。该模块设置了"选择待配置节点"和"选择后继节点"两组复选框,关联节点必须在相应的区域中选择,且关联节点的选择是成对的。在操作完毕保存结果时系统会自动判断此操作的正确性。建立设备连接模块页面如图 6-8 所示。

　　应用系统也为用户提供了已配置好的关联信息的显示页面,并且可以

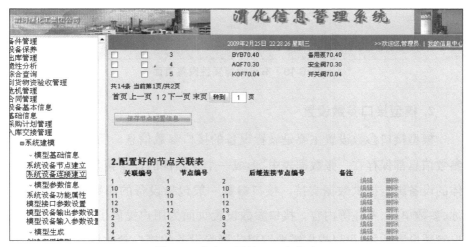

图 6-8　建立设备连接模块页面

对现有配置进行编辑和删除操作。此模块的操作必须由专业人员进行,因为它涉及基础数据,配置的正确性直接影响后面的操作结果。此部分页面如图 6-9 所示。

图 6-9　节点配置的显示和修改

6.7.2　模型参数设置模块

1. 节点功能属性设置

　　节点功能属性设置主要是为了绑定设备的功能属性信息,在建立节点时会自动附加新节点与对应设备的功能属性信息,一般包括设备的编号、属性名称、存放地点、所属部门、管理人员等。基础数据设置页面提供了灵活的设备功能属性设置功能,根据需要可进行设备功能属性的编辑或删除等操作。单击"重置"按钮,可对输入项进行清除。节点功能属性设置页面如图 6-10 所示。

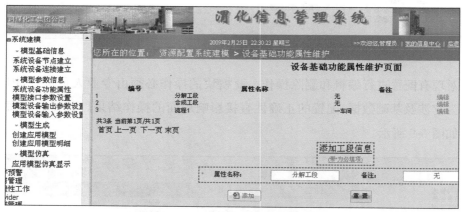

图 6-10　节点功能属性设置页面

2. 模型接口参数设置

　　模型接口参数设置主要是设置设备的接口参数信息。所有设备的接口参数信息都保存在一张数据表中,形成一个基础性的设备接口参数表,为具体的设备绑定提供数据支持。接口参数一般包括设备的参数编号、参数名称、参数单位、备注等内容。接口参数设置页面为用户提供了灵活的设备接口参数设置功能,可以根据需要编辑或删除设备的接口参数信息。单击"重置"按钮,可对输入项进行清除。接口参数设置页面如图 6-11 所示。

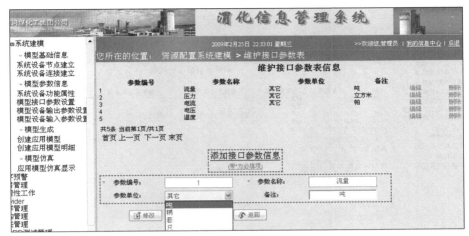

图 6-11　接口参数设置页面

3. 设备输出参数设置

设备输出参数设置实现设备与输出参数信息的绑定,在建立节点时会自动附加对应设备的输出参数信息。这些输出参数信息保存在设备输出参数表中,这里可以通过一个下拉列表框选择需要的输出参数。同时,还可以设定参数的阈值。设备输出参数设置页面提供了灵活的设备输出参数设置功能,可以根据需要编辑或删除设备的输出参数信息。设备输出参数设置页面如图 6-12 所示。

4. 设备输入参数设置

设备输入参数设置实现设备与输入参数信息的绑定,在建立节点时会自动附加对应设备的输入参数信息。这些输入参数保存在设备输入参数表中,这里可以通过一个下拉列表框选择需要的参数。同时,还可以设定参数的阈值。设备输入参数设置页面提供了灵活的设备输入参数设置功能,可以根据需要编辑或删除设备的输入参数信息。设备输入参数设置页面如图 6-13 所示。

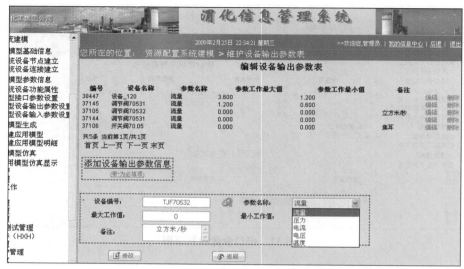

图 6-12　设备输出参数设置页面

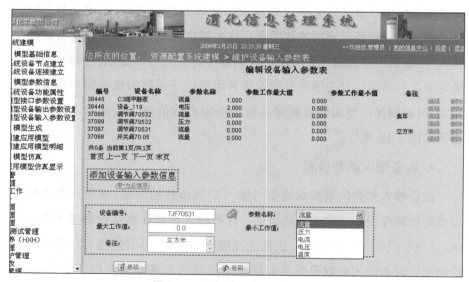

图 6-13　设备输入参数设置页面

6.7.3　模型生成模块

1. 创建应用模型

分析模型是动态的,具体的分析模型要视具体的问题而定。创建分析模型模块提供分析模型生成功能。首先根据需要编辑模型编号、模型名称、模型参数、模型说明等内容。单击"保存"按钮保存编辑的模型信息,如图 6-14 所示。

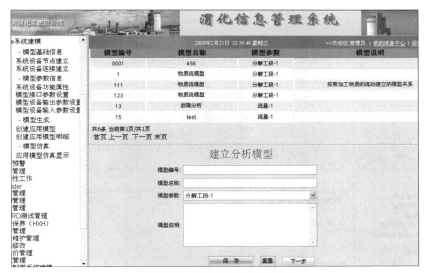

图 6-14　建立分析模型页面

此处建立的模型节点根据分析需要使用的粒度是不同的,形成的节点有可能是嵌套节点。在分配节点页面设置节点编号、节点说明、待选节点、已选节点等信息,如图 6-15 所示。然后单击"添加"按钮完成分配节点的过程。可以通过重复操作添加多个节点。

接下来实现节点之间的关联。节点关联界面包括当前节点、关联说明、后继节点选择等内容,如图 6-16 所示。单击"添加"按钮添加与后继节点的关联。可以重复此操作过程,实现多个关联的添加。如果操作中出现错误,则单击"重置"按钮清空当前设置。

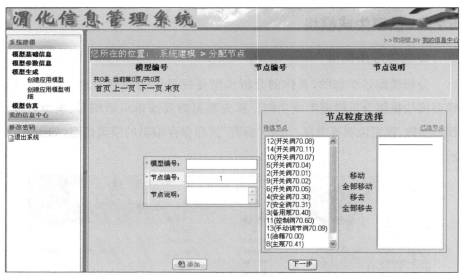

图 6-15　分配节点页面

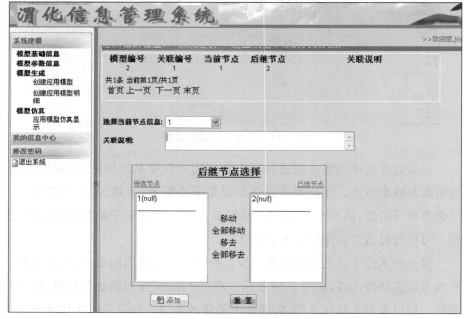

图 6-16　节点关联页面

2. 模型详细信息

模型详细信息模块的功能是查看模型详细信息。选择某个模型的编号,页面就自动显示该模型的信息,包括模型编号、关联编号、当前节点、后继节点和关联说明。单击右面的"查看"按钮则可以查看当前两个节点形成关联的具体内容,例如电压关联、电流关联、流量关联、压力关联、温度关联等,如图 6-17 所示。

图 6-17　模型详细信息页面

6.7.4　模型仿真模块

模型仿真模块为工业系统建模的仿真部分,主要是根据系统固有的拓扑结构以及设备间的接口连接(耦合)关系将系统抽象成一种计算机能够识别的、精确表达系统的仿真模型。不同的方法建立的模型是不同。模型仿真模块能够为用户提供比较直观的可视化展示,使用户能够通过模型理解系统的结构、系统的当前状态以及系统存在的问题,模型信息以一定的格式记录并保存在系统的后台数据库中,为后续研究分析工作提供依据。模型仿真模块主要实现对已有模型的仿真显示,其页面如图 6-18 所示。

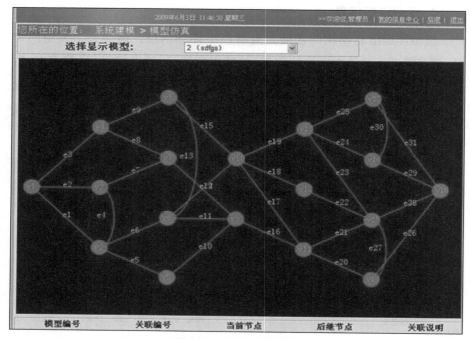

图 6-18　模型仿真页面

6.8　本章小结

　　本章对分布式复杂机电系统模型自动生成算法进行了研究,并对应用开发进行了详细介绍。本章内容是本研究的理论与实践结合部分,是实现从理论到实践的重要工作。

　　模型自动生成算法能够很好地满足分布式复杂机电系统网络模型生成的需要。采用这种方法生成的模型具有手工模型难以实现的效果,模型表达准确,生成速度快,效率高。这种方法实现了系统内外的一致表达,能够动态地反映实际分布式复杂机电系统内部耦合的运动变化情况,避免了手工错误带来的安全分析偏差。本章解决了对分布式复杂机电系统安全极为重要的模型自动生成问题。

　　关于应用系统的开发情况，本章从系统建模需求分析到系统的体系结构、功能组成以及系统工作环境等方面都做了说明。重点介绍了应用系统的所有功能模块的实现过程以及基于某化工企业关键工段的仿真系统结果的显示。建模部分主要包括模型基础信息的采集、模型的参数设置、模型的生成过程以及模型的应用仿真显示等功能。实践表明，该应用系统能够满足石化工生产装置这类分布式复杂机电系统的安全分析和风险控制的需要。

第 **7** 章

结论与展望

7.1 研究结论

本书关于分布式复杂机电系统建模与安全分析的研究以典型的石化工业生产系统为例子,研究了分布式复杂机电系统安全问题的支撑性理论与应用性技术,具有重要的理论意义和工程应用价值。具体的研究成果可以归纳为以下几方面:

(1) 提出了面向对象的 DAG 建模方法。它给出了一种有效、精确地刻画和描述分布式复杂机电系统问题的手段和工具。此方法还引入了图论、概率论等数学工具以分析和解决系统中存在的问题,大大提高了此方法的应用范围,也为后续的系统安全控制研究起到了支撑性作用。

(2) 研究了分布式复杂机电系统 DAG 模型节点粒度的转换方法。此方法是为解决系统不同层面的问题而提出的,增强了 DAG 模型的通用性、灵活性和可行性。它是在 DAG 建模基础上所作的扩展性研究,提出了节点粒度、嵌套节点等概念。模型转换研究考虑了系统的完整性和一致性以及模型计算复杂度和系统性能等方面的因素。

(3) 提出了基于动态规划的系统安全资源配置优化方法。它能够解决由于设计缺陷、设备老化以及多因素的扰动等造成的系统结构性失衡以及给系统带来的安全性问题。此方法能够实现系统的最小费用和最佳安全性的配置目标,并能够保障系统的关键环节或薄弱环节得到合理的资源,从而使整个系统安全性提升到最佳状态,系统的鲁棒性和稳定性得到加强。

(4)提出了基于贝叶斯网络的故障溯源方法。它解决了企业经营中亟待解决的安全生产问题。贝叶斯网络将不确定性问题转换为确定性问题的经典方法,本研究把它引入分布式复杂机电系统的故障溯源工作中。此法定位系统故障源比较有效、快捷。

(5)进行了网络模型自动生成算法的研究。它解决了分布式复杂机电系统理论性研究转化为实际应用的问题。本研究提出了一种基于对象空间结构的网络模型自动生成算法。此算法能够快速、高效、合理地自动生成系统的网络模型,很好地满足实际要求。另外,网络模型自动生成算法也具有较好的通用性,能够广泛地应用到其他的相关领域。

7.2　进一步的研究工作

关于分布式复杂机电系统的研究刚刚起步。尽管关于简单系统的故障诊断技术发展很成熟,但是分布式复杂机电系统和简单系统的研究是完全不同的,很多简单系统的成熟理论和方法不能直接套用在分布式复杂机电系统的故障溯源问题解决上。分布式复杂机电系统属于系统科学。系统科学的一些特性有其独特的魅力,例如涌现特性、蝴蝶效应等一直吸引、激励着热爱科学的人们探索、认知和利用。本研究解决了分布式复杂机电系统建模和安全分析的一些关键问题。然而,还有一些工作需要进一步思考和完善,具体归结为以下几点:

(1)可选参数的分布式复杂机电系统自动建模研究。面向对象的 DAG 建模方法很好地刻画和描述了分布式复杂机电系统。然而,由于系统的分布性、复杂性,使建模过程变得相当烦琐,且容易出错。例如,任意节点之间都可能存在连接,因此,在建立连接时,通过参数选项自动过滤物理上无关的连接,自动选定节点粒度,按照设定阈值的松耦合或紧耦合自动地形成对应节点粒度和参数的网络模型,等等,都是值得研究的问题。

(2) 分布式复杂机电系统 DAG 模型参数确定方法研究。本书对系统模型常用的基本参数确定方法进行了探索性研究,而现实中的模型权重表示是相当复杂的。采用哪种信息量作为分析对象的关联关系是合理的,这些关联关系的权重如何确定,等等,都是需要研究的问题。在模型中,节点对象既可以有权重也可以没有权重,而连接对象一定要有权重。权重既可以是概率值,也可以是容量、压力、温度等物理量。那么,选择哪种是最科学的? 一般情况下,关联关系不是一个恒定的数值,更多的时候是按照某种规律变化的函数。函数可能是线性的,也可能是非线性的。当然,逻辑关系也是存在的。对于这些复杂的关联,应该如何融合它们? 总之,模型参数确定是一个非常有价值的问题,对模型精度的影响很大。

(3) 分布式复杂机电系统安全评估方法。现有的关于分布式复杂机电系统安全的评估方法多数是根据已发生事故情况进行评估,或者通过统计方法进行判定、预测。安全性常与可靠性、风险、危险、异常等相联系,有必要研究一个较为统一的安全性评估方法。能否从机理上认识和评价系统的安全性,安全性处在何种程度,某种现象是否会诱发不安全,这些都是安全评价中必须回答的问题。

(4) 分布式复杂机电系统安全资源配置优化方法研究。本书提出了基于动态规划的系统安全资源配置优化方法,解决了常见的系统安全性问题。在模型结构未知、系统单元节点数量巨大的情况下,可以尝试遗传算法、粒子群算法、蚁群算法等优化方法,以提高系统的优化效率和质量。

(5) 分布式复杂机电系统模型与安全的仿真与控制研究。通过仿真与控制使系统内部复杂问题以及安全状况变得清晰、直观是非常有意义的一项研究。通过模型仿真与控制实现系统安全性问题的呈现、假设参数的分析以及通过模型控制的系统安全的仿真都将是未来重要的研究方向。

参 考 文 献

[1]　张景林. 安全学[M]. 北京：化学工业出版社，2009.

[2]　李运华. 安全生产事故隐患排查实用手册[M]. 北京：化学工业出版社，2012.

[3]　前泽正礼. 安全工程学[M]. 魏殿柱，董裕，译. 北京：化学工业出版社，1989.

[4]　徐锋，朱丽华. 安全学原理[M]. 北京：中国质检出版社，2016.

[5]　柴毅，张可，毛永芳，等. 动态系统运行安全性分析与技术[M]. 北京：化学工业出版社，2019.

[6]　邹碧海. 安全学原理[M]. 成都：西南交通大学出版社，2018.

[7]　中国政府网. 国家安全生产专家组成员崔克清谈化工安全生产[OE/OL]. [2005-12-02]. http://www.gov.cn/zwhd/2005-12/02/content_115291.htm.

[8]　新浪网. 辽阳一石化公司发生爆炸[OE/OL]. [2008-09-15]. http://news.sina.com.cn/c/2008-09-15/070214450003s.shtml.

[9]　安全文化网. 云南南磷集团电化有限公司"9.17"氯气泄漏事故[OE/OL]. [2009-2-24]. http://www.anquan.com.cn/Article/ShowArticle.asp? ArticleID=108709.

[10]　中国安全网. 广西维尼纶集团有限责任公司"8.26"爆炸事故现场会在宜州市召开[OE/OL]. [2008-09-18]. http://www.chinasafety.gov.cn/gongzuodongtai/2008-09/18/content_288164.htm.

[11]　新浪网. 安监总局通报云南致6死29伤硫化氢中毒事故[OE/OL]. [2008-06-29]. http://news.sina.com.cn/c/2008-06-29/232215838593.shtml.

[12]　新浪网. 美化工厂爆炸万人撤离[OE/OL]. [2006-01-13]. http://news.sina.com.cn/w/2006-01-13/01337967025s.shtml.

[13]　新浪网. 肯尼亚首都内罗毕一家化工厂爆炸9人死亡[OE/OL]. [2006-07-08]. http://news.sina.com.cn/w/2006-07-08/19029407098s.shtml.

[14]　个人图书馆. "库尔斯克"号核潜艇沉没前究竟发生了什么[OE/OL]. [2010-02-09]. http://www.360doc.com/content/10/0906/11/829250_51575399.shtml.

[15]　新浪网. 美国哥伦比亚号航天飞机坠毁[OE/OL]. [2003-02-09]. http://news.

sina.com.cn/z/Columbia/.

[16]　快科技. 小鸟扔面包炸弹致使对撞机关闭［OE/OL］.［2009-11-09］. https://news. mydrivers.com/1/148/148379.htm.

[17]　凤凰网. 载 228 人法航客机大西洋上空失踪［OE/OL］.［2009-06-02］. http:// finance.ifeng.com/air/aqxx/ 20090602/730252.shtml.

[18]　凤凰网. 油门踏板存隐患 丰田美国召回 230 万辆车［OE/OL］.［2010-01-25］. http://auto.ifeng.com/roll/ 20100125/196657.shtml.

[19]　王婧仪,杨帆. 工业控制系统安全分析及解决方案［J］.中国战略新兴产业,2018 (4X)：1. DOI：CNKI：SUN：ZLXC.0.2018-16-100.

[20]中国石油和化学工业联合会. 2022 年中国石油和化工行业经济运行情况发布［EB/ OL］.［2023-02-16］. http://www.ccpitchem.org.cn/newsinfo/5393428.html.

[21]　FOX W P,BURKS R. Modeling change with dynamical systems models［M］. Berlin：Springer International Publishing,2019.

[22]　RAUDENBUSH S W,BRYK A S. 分层线性模型：应用与数据分析方法［M］. 郭 志刚,译. 2 版. 北京：社会科学文献出版社,2016.

[23]　孙宏才,田平,王莲芬. 网络层次分析法与决策科学［M］. 北京：国防工业出版社, 2011.

[24]　刘东,张红林,王波,等著. 动态故障树分析方法［M］. 北京：国防工业出版社, 2013.

[25]　吴哲辉. Petri 网导论［M］. 北京：机械工业出版社,2006.

[26]　严薇,邵福庆. Petri 网在 FMS 的建模与分析中的应用［C］//第一届中国机电一体 化学术会议论文集. 北京：中国电子学会电子机械工程学会,1988.

[27]　马丁·T. 哈根. 神经网络设计［M］. 章毅,译. 北京：机械工业出版社,2018.

[28]　亚瑟·本杰明. 图论概要［M］. 北京：机械工业出版社,2017.

[29]　邦·詹森,格雷戈里·古廷. 有向图的理论、算法及其应用［M］. 姚兵,张忠辅,译. 北京：科学出版社,2009.

[30]　王双成. 贝叶斯网络学习、推理与应用［M］. 上海：立信会计出版社,2010.

[31]　张连文,郭海鹏. 贝叶斯网引论［M］. 北京：科学出版社,2006.

［32］　姜洪权. 分布式复杂机电系统安全分析若干关键技术研究［D］. 西安：西安交通大学，2009.

［33］　沈翠霞. SDG 建模与 HAZOP 故障模式研究［D］. 北京：北京化工大学，2005.

［34］　左东红，贡凯青. 安全系统工程学［M］. 北京：化学工业出版社，2004.

［35］　樊运晓，罗云. 系统安全工程［M］. 北京：化学工业出版社，2009.

［36］　陈喜山. 系统安全工程学［M］. 北京：中国建材工业出版社，2006.

［37］　张景林. 安全系统工程［M］. 北京：煤炭工业出版社，2019.

［38］　景国勋，施式亮. 系统安全评价与预测［M］. 徐州：中国矿业大学出版社，2009.

［39］　BELLENKES A，TIDBALL B. Aircraft system safety：Military and civil aeronautical applications［J］. Ergonomics，2008，51(7)：1122-1124.

［40］　LUNDE K. Ensuring system safety is more efficient［J］. Aircraft Engineering and Aerospace Technology，2003，75(5)：477-484.

［41］　EKMAN M E，WERNER P W，COVAN J M，et al. A thematic approach to system safety［J］. Process Safety Progress. 1998，17(3)：219-224.

［42］　HWANG S L，LIANG G F，LIN J T，et al. A real-time warning model for teamwork performance and system safety in nuclear power plants［J］. Safety Science，2009，47(3)：425-435.

［43］　河本英夫. 第三代系统论：自生系统论［M］. 郭连友，译. 北京：中央编译出版社，2016.

［44］　颜泽贤，范冬萍，张华夏. 系统科学导论［M］. 北京：人民出版社，2006.

［45］　钱学森. 论系统工程［M］. 上海：上海交通大学出版社，2007.

［46］　许国志. 系统科学［M］. 上海：上海科技教育出版社，2000，33-45.

［47］　苗东升. 系统科学精要［M］. 4 版. 北京：中国人民大学出版社，2016.

［48］　郭雷. 系统科学进展：第 1 卷［M］. 北京：科学出版社，2017.

［49］　安德鲁·P.塞奇，詹姆斯·E.阿姆斯特朗. 系统工程导论［M］. 胡保生，彭勤科，译. 西安：西安交通大学出版社，2006.

［50］　孔凡才　陈渝光. 自动控制原理和系统［M］. 北京：机械工业出版社，2018.

［51］　SHEARD S A，MOSTASHARI A. Principles of complex systems for systems engineering[J]. Systems Engineering,2009,12(4)：295-311.

[52] VASILESCU G D, CSASZAR T A, BACIU C. Research in the engineering of complex systems safety[J]. Environmental Engineering and Management Journal. 2009,8(1)：135-139.

[53] 颜兆林. 系统安全性分析技术研究[D]. 长沙：中国人民解放军国防科学技术大学,2001.

[54] 刘宏业. 工业系统安全管理及其影响经济可持续发展的研究[D]. 天津：天津大学,2004.

[55] KIRWAN B. Ten questions about human error：A new view of human factors and system safety[J]. Ergonomics,2007,50(4)：625-627.

[56] TRIBBLE A C,MILLER S P. Software intensive systems safety analysis[J]. IEEE Aerospace and Electronic Systems Magazine,2004,19(10)：21-26.

[57] PHAM H,XIE M. A generalized surveillance model with applications to systems safety[J]. IEEE Transactions on Systems Man and Cybernetics Part C-Applications and Reviews,2002,32(4)：485-492.

[58] 卢明银,徐人平. 系统可靠性[M]. 北京：机械工业出版社,2008.

[59] 陈森发. 复杂系统建模理论与方法[M]. 南京：东南大学出版社,2005.

[60] 刘兴堂. 复杂系统建模理论、方法与技术[M]. 北京：科学出版社,2008.

[61] 范玉顺,曹军威. 复杂系统的面向对象建模、分析与设计[M]. 北京：清华大学出版社,2000.

[62] 魏新利,李慧萍,王自健. 工业生产过程安全评价[M]. 北京：化学工业出版社,2005.

[63] 周书元,曹程国. 预先危险性分析在重大工程项目中的应用[J]. 劳动保护,2004,49(1)：72-74.

[64] 苏义坤,张守健. 预先危险性分析在施工安全管理中应用[J]. 低温建筑技术,2003,95(5)：100-101.

[65] 胡金花. 预先危险性分析在火电厂安全预评价中的应用体会[J]. 安全与健康,2009,49(1)：36-38.

[66] 吴铭. 模糊事故树分析及其在施工安全管理中的应用[D]. 天津：天津大学,2004.

[67] 周西华,耿晓伟,黄太山. 安全系统事故树分析软件研究[J]. 辽宁工程技术大学学报,2002,21(4)：460-462.

[68] VOLK M,JUNGES S,KATOEN J P. Fast dynamic fault tree analysis by model checking techniques[J]. IEEE Transactions on Industrial Informatics,2018,14(1)：370-379.

[69] KAREN A R,JOHN D A. A fault tree analysis strategy using binary decision diagrams[J]. Reliability Engineering & System Safety,2002,78：45-56.

[70] LIU J,YANG J B,WANG J,et al. Engineering system safety analysis and synthesis using the fuzzy rule-based evidential reasoning approach[J]. Quality and Reliability Engineering International,2005,21(4)：387-411.

[71] PILLAY A, WANG J. Modified failure mode and effects analysis using approximate reasoning[J]. Reliability Engineering & System Safety,2003,79(1)：69-85.

[72] 李果. 复杂装备使用阶段故障模式及影响分析方法研究[D]. 西安：西安交通大学,2008.

[73] QIU Q,CUI L,GAO H. Availability and maintenance modelling for systems subject to multiple failure modes[J]. Computers & Industrial Engineering,2017,108：192-198.

[74] HUANG Z,JIANG W,TANG Y C. A new method to evaluate risk in failure mode and effects analysis under fuzzy information[J]. Soft Computing,2017(4)：1-9.

[75] CERTA A, HOPPS F, INGHILLERI R,et al. A Dempster-Shafer Theory-based approach to the Failure Mode, Effects and Criticality Analysis（FMECA）under epistemic uncertainty：application to the propulsion system of a fishing vessel[J]. Reliability Engineering & System Safety,2017,159(69)：69-79.

[76] CLAXTON K, CAMPBELL-ALLEN N M. Failure Modes Effects Analysis（FMEA）for review of a diagnostic genetic laboratory process[J]. International Journal of Quality & Reliability Management,2017,34(2)：265-277.

[77]　PIATKOWSKI J, KAMINSKI P. Risk Assessment of Defect Occurrences in Engine Piston Castings by FMEA Method[J]. Archives of Foundry Engineering, 2017,17(3)：107-110.

[78]　卓新建,苏永美. 图论及其应用[M]. 北京：北京邮电大学出版社,2019.

[79]　徐俊明. 图论及其应用[M]. 合肥：中国科学技术大学出版社,2010.

[80]　LI W, ANDREW M. Pachinko allocation：DAG-structured mixture models of topic correlations[C]. ACM International Conference Proceeding Series,2006,148：577-584.

[81]　SINHA A,PASCHOS G,LI C P,et al. Throughput-optimal multihop broadcast on directed acyclic wireless networks[J]. IEEE/ACM Transactions on Networking, 2017,25(1)：377-391.

[82]　NIK S, GERARD A. Using DAG transformations to verify Euler/Venn homogeneous and Euler/Venn FOL heterogeneous rules of inference[J]. Electronic Notes in Theoretical Computer Science,2003,72(3)：83-97.

[83]　SANG C K, SUNGGU L, JAEGYOON H. Push-pull：deterministic search-based DAG scheduling for heterogeneous cluster systems[J]. IEEE Transactions on Parallel and Distributed Systems,2007：1489-1502.

[84]　CLEMENTIN TD,PATRICE Q,SANJAY R,et al. A reindexing based approach towards mapping of DAG with affine schedules onto parallel embedded systems [J]. Journal of Parallel And Distributed Computing,2009,69(1)：1-11.

[85]　郑特,邹峥嵘,张云生,等. 基于图割算法的摄影测量点云面向对象分类方法[J]. 测绘工程,2018,27(3)：16-19.

[86]　王书亭,陈立平,郭宇,等. 面向制造系统的有向图仿真建模方法研究[J]. 计算机辅助设计与图形学学报,2003,15(2)：215-220.

[87]　刘国华,汪卫,张亮,等. 基于有向图的对象范式生成算法[J]. 软件学报,2004,15(5)：730-740.

[88]　赵俊如. 石化企业重大危险设备模糊概率风险评价方法研究[D]. 大庆：大庆石油学院,2006.

[89]　蒋军成. 化工安全[M]. 北京：机械工业出版社，2008.

[90]　罗吉贵. 复杂系统中涌现形成机理的讨论[D]. 上海：上海大学，2008.

[91]　HALFORD B. The butterfly effect[J]. Chemical & Engineering News，2010，88（25）：8.

[92]　LI J，WANG B H，JIANG P Q，et al. Growing complex network model with acceleratingly increasing number of nodes[J]. Acta Physica Sinica，2006，55（8）：4051-4057.

[93]　汪秉宏，王文旭，周涛. 交通流驱动的含权网络[J]. 物理，2006，35（4）：304-310.

[94]　RETCHKIMAN Z. Stability and stabilization techniques for discrete event systems modeled by coloured Petri nets[C]//Proceeding of IEEE International Conference on Control Applications. Anchorage，Alaska，USA. IEEE，2002. DOI：10.1109/CCA.2000.897587.

[95]　王胜军，郭德贵，金成植，等. 用有向图实现的 ATLAS 编译系统中的设备分配[J]. 计算机工程，2006，32（9）：22-24.

[96]　韩光臣，孙树栋，司书宾，等. 基于模糊概率 Petri 网系统的故障诊断仿真研究[J]. 计算机集成制造系统，2006，12（4）：520-525.

[97]　刘勇. 基于故障图模型的故障诊断方法研究[J]. 小型微型计算机系统，2006，27（9）：1741-1745.

[98]　LEI H，HUANG J，FENG D G. A fine-grained coalition access control policy for jointly owned resources in collaborative environments[J]. Journal of Software，2005，16（5）：1000-1011.

[99]　陈洪娜，黄洪钟，赵宏. 协同开发过程任务粒度设计的度量模型[J]. 西安交通大学学报，2006，40（1）：57-61.

[100]　卜东波，白硕，李国杰. 聚类/分类中的粒度原理[J]. 计算机学报，2002，25（8）：810-816.

[101]　吴强，王云峰，边计年，等. 软硬件划分中基于一种新的层次化控制数据流图的粒度变换[J]. 计算机辅助设计与图形学学报，2005，17（3）：337-393.

[102]　王英林，杨东，张申生，等. 基于粒度分层的布局设计模型[J]. 上海交通大学学

报,2000,34(7):873-876.

[103]　李必信,王云峰,张勇翔,等.基于简化系统依赖图的静态粗粒度切片方法[J].软件学报,2001,12(2):204-211.

[104]　ANTONIO L, STEFANO C, ESSANDRO B A L, et al. Computational granularity and parallel models to scale up reactive scattering calculations[J]. Computer Physics Communications,2000,128:295-314.

[105]　JORG H, ROL F E. An approach to automated hardware/software partitioning using a flexible granularity that is driven by high-level estimation techniques[J]. IEEE Transactions on Very Large Scale Integration (VLSI) Systems, 2001,9 (2):273-289.

[106]　GAO Q, LI M, PAUL V. Applying MDL to learn best model granularity[J]. Artificial Intelligence,2000,121:1-29.

[107]　AZAIEZ M N, BIER V M. Optimal resource allocation for security in reliability systems[J]. European Journal Of Operational Research,2007,181(2):773-786.

[108]　BIER VM, NAGARAJ A, ABHICHANDANI V. Protection of simple series and parallel systems with components of different values[J]. Reliability Engineering & System Safety,2005,87(3):315-323.

[109]　LEVITIN G, LISNIANSKI A. Optimizing survivability of vulnerable series-parallel multi-state systems[J]. Reliability Engineering & System Safety,2003,7 (9):319-331.

[110]　LEVITIN G. Optimal multilevel protection in series-parallel systems[J]. Reliability Engineering & System Safety,2003,81(1):93-102.

[111]　SARHAN A M. Reliability equivalence factors of a general series-parallel system [J]. Reliability Engineering & System Safety,2009,94(2):229-236.

[112]　LISNIANSKI A, LEVITIN G, BEN-HAIM H. Structure optimization of multi-state system with time redundancy[J]. Reliability Engineering & System Safety, 2000,67(2):103-112.

[113]　TANG J. Mechanical system reliability analysis using a combination of graph

theory and Boolean function[J]. Reliability Engineering & System Safety,2001,
72(1): 21-30.

[114] PETERSSON J. On continuity of the design-to-state mappings for trusses with
variable topology[J]. International Journal Of Engineering Science,2001,39(10):
1119-1141.

[115] XING L. Reliability evaluation of phased-mission systems with imperfect fault
coverage and common-cause failures[J]. IEEE Transactions on Reliability,2007,
56(1): 58-68.

[116] XING L, AMARI S V. Effective component importance analysis for the
maintenance of systems with common-cause failures[J]. International Journal of
Reliability Quality & Safety Engineering,2007,14(5): 459-478.

[117] 郑恒,吴祈宗,汪佩兰,等. 贝叶斯网络在火工系统安全评价中的应用[J]. 兵工学
报,2006,27(6): 988-993.

[118] XING L,DAI Y. A new decision diagram based method for efficient analysis on
multi-state systems[J]. IEEE Transactions on Dependable and Secure
Computing,2009,6(3): 161-174.

[119] RAMIREZ-MARQUEZ J E,COIT D W. Optimization of system reliability in the
presence of common cause failures[J]. Reliability Engineering & System Safety,
2007,92(10): 1421-1434.

[120] COLOMBO S,DEMICHELA M. The systematic integration of human factors
into safety analyses: An integrated engineering approach[J]. Reliability
Engineering & System Safety,2008,93(12): 1911-1921.

[121] LI W, ZOU M J. Optimal design of multi-state weighted k-out-of-n systems
based on component design[J]. Reliability Engineering & System Safety,2008,93
(11): 1673-1681.

[122] LEVITIN G, AMARI S V. Multi-state systems with multi-fault coverage[J].
Reliability Engineering & System Safety,2008,93(11): 1730-1739.

[123] KOŁOWROCKI K, KWIATUSZEWSKA-SARNECKA B. Reliability and risk

analysis of large systems with ageing components[J]. Reliability Engineering & System Safety,2008,93(12)：1821-1829.

[124] SHEVCHUK P, GALAPATS B, SHEVCHUK V. Mathematical modelling of ageing and lifetime prediction of lacquer-paint coatings in sea water [J]. International Journal Of Engineering Science,2000,38(17)：1869-1894.

[125] 龙军,康锐,马麟,等. 任意寿命分布的多部件系统备件配置优化算法[J]. 北京航空航天大学学报,2007,33(6)：698-700.

[126] KUNIN I,CHERNYKH G,KUNIN B. Optimal chaos control and discretization algorithms[J]. International Journal Of Engineering Science,2006,44(1-2)：59-66.

[127] ZENG Z, VEERAVALLI B. On the design of distributed object placement and load balancing strategies in large-scale networked multimedia storage systems[J]. IEEE Transactions On Knowledge And Data Engineering,2008,20(3)：369-382.

[128] KARIMI B, NIAKI S T A, HALEH H, et al. Reliability optimization of tools with increasing failure rates in a flexible manufacturing system[J]. Arabian Journal for Science & Engineering,2018：1-18.

[129] TAVAKKOLI MOGHADDAM R, SAFARI J, SASSANI F. Reliability optimization of series-parallel systems with a choice of redundancy strategies using a genetic algorithm[J]. Reliability Engineering & System Safety,2008,93(4)：550-556.

[130] CHEBOUBA A, YALAOUI F, SMATI A, et al. Optimization of natural gas pipeline transportation using ant colony optimization [J]. Computers & Operations Research,2009,36(6)：1916-1923.

[131] HAIYANGY, CHENGBIN C, ÉRIC C, et al. Reliability optimization of a redundant system with failure dependencies[J]. Reliability Engineering & System Safety,2007,92(12)：1627-1634.

[132] CHEN X, ZHOU K, ARAVENA J. Probabilistic robustness analysis-risks, complexity, and algorithms[J]. SIAM Journal On Control And Optimization,

2008,47(5)：2693-2723.

[133] Nagai H. Optimal strategies for risk-sensitive portfolio optimization problems for general factor models[J]. SIAM Journal On Control And Optimization,2003,41(6)：1779-1800.

[134] 韩敏,孙林夫,赵慧娟. 基于粗糙集理论的设备资源优化配置[J]. 计算机工程与应用,2005,31(17)：197-199.

[135] 姚倡锋,张定华,彭文利,等. 面向复杂零件网络化制造的资源优化配置方法[J]. 计算机集成制造系统,2006,12(7)：1060-1067.

[136] OVERKAMP A,VAN SCHUPPEN J H. Maximal solutions in decentralized supervisory control[J]. SIAM Journal On Control And Optimization,2000,39(2)：492-511.

[137] HALPERN J. Fault-testing of a k-out-of-n system[J]. Operations Research,1974,22(6)：1267-1271.

[138] XIAO X,DOHI T,OKAMURA H. Optimal software testing-resource allocation with operational profile：computational aspects[J]. Life Cycle Reliability & Safety Engineering,2018：1-15.

[139] YE Y ,CHEN L ,HOU S,et al. DeepAM：a heterogeneous deep learning framework for intelligent malware detection[J]. Knowledge and Information Systems,2018,54(2)：265-285.

[140] RODELLAR J,RYAN E P,BARBAT A H. Adaptive control of uncertain coupled mechanical systems with application to base-isolated structures [J]. Applied Mathematics & Computation,2018,70(2-3)：299-314.

[141] CHEN J Y,ZHOU D,GUO Z Y,et al. An active learning method based on uncertainty and complexity for gearbox fault diagnosis[J]. IEEE Access,2019,7(99)：9022-9031.

[142] CHOWDHURY A A,MIELNIK T C,LAWTON L E,et al. System reliability worth assessment using the customer survey approach[J]. IEEE Transactions On Industry Applications,2009,45(1)：317-322.

［143］ LJILJANA B, PETER H, MIRKA M. An optimization problem in statistical databases［J］. SIAM Journal On Discrete Mathematics,2000,13(3)：346-353.

［144］ HSU CI,WEN Y H. Application of Grey theory and multiobjective programming towards airline network design［J］. European Journal of Operational Research, 2000,127(1)：44-68.

［145］ WANG Y H,DANG Y G,LI Y Q, et al. An approach to increase prediction precision of GM(1,1) model based on optimization of the initial condition［J］. Expert Systems with Application,2010,37(8)：5640-5644.

［146］ RUS G,PALMA R,PÉREZ-APARICIO J L. Optimal measurement setup for damage detection in piezoelectric plates［J］. International Journal Of Engineering Science,2009,47(4)：554-572.

［147］ VENKATASUBRAMANIAN V,RENGASWAMY R,YIN K,et al.. A review of process fault detection and diagnosis Part Ⅰ：Quantitative model-based methods ［J］. Computers and Chemical Engineering,2003：293-311.

［148］ VENKATASUBRAMANIAN V, RENGASWAMY R,KAVURI S N. A review of process fault detection and diagnosis：Part Ⅱ Process history based methods process fault detection and diagnosis［J］. Computers and Chemical Engineering, 2003：313-326.

［149］ VENKATASUBRAMANIAN V,RENGASWAMY R,YIN K,et al.. A review of process fault detection and diagnosis：Part Ⅲ Process history based methods process fault detection and diagnosis［J］. Computers and Chemical Engineering, 2003：327-346.

［150］ ČEPIN M, MAVKO B. A dynamic fault tree［J］. Reliability Engineering & System Safety,2003：83-91.

［151］ YAZDI M, ZAREI E. Uncertainty handling in the safety risk analysis：an integrated approach based on fuzzy fault tree analysis［J］. Journal of Failure Analysis & Prevention,2018,18(2)：392-404.

［152］ BROOKE P J,PAIGE R F. Fault trees for security system design and analysis

[J]. Computer & Security,2003: 256-264.

[153]　REAY K A,ANDREWS J D. A fault tree analysis strategy using binary decision diagrams[J]. Reliability Engineering & System Safety,2002: 45-56.

[154]　KHAN F I, ABBASI S A. Analytical simulation and PROFAT II: a new methodology and a computer automated tool for fault tree analysis in chemical process industries[J]. Journal of Hazardous Materials,2000: 1-27.

[155]　SHALEV DM, TIRAN J. Condition-based Fault Tree Analysis (CBFTA): A new method for improved Fault Tree Analysis (FTA), reliability and safety calculations[J]. Reliability Engineering & System Safety,2007: 1231-1241.

[156]　TWUM S B,ASPINWALL E. Multicriteria reliability modeling and optimisation of a complex system with dual failure modes and high initial reliability[J]. International Journal of Quality & Reliability Management,2018,35(7):1477-1488.

[157]　TEOH PC, CASE K. Failure modes and effects analysis through knowledge modeling[J]. Journal of Materials Processing Technology,2004: 253-260.

[158]　LU Y,XIANG P,DONG P,et al. Analysis of the effects of vibration modes on fatigue damage in high-speed train bogie frames[J]. Engineering Failure Analysis,2018,89:222-241.

[159]　RAO A R, MAHESH M. Analysis of the energy and safety critical traction parameters for elevators[J]. Epe Journal,2018,28(2):169-181.

[160]　MAZOUNI M H, CHARRETON B D, AUBRY J F. Proposal of a generic methodology to harmonize Preliminary Hazard Analyses for guided transport[J]. System of Systems Engineering,2007: 1-6.

[161]　PHIFER R W. Security vulnerability analysis for laboratories and small chemical facilities[J]. Journal of Chemical Health and Safety,2007: 12-14.

[162]　AVEN T. A unified framework for risk and vulnerability analysis covering both safety and security[J]. Reliability Engineering & System Safety,2008: 745-754.

[163]　MÖLLER N, HANSSON S O. Principles of engineering safety: Risk and

uncertainty reduction[J]. Reliability Engineering & System Safety,2008:776-783.

[164] 林景栋,曹长修,张帮礼,等.基于分层模型的配电网故障定位优化算法[J].自动化与仪器仪表,2002,1:3-6.

[165] XING L. An efficient binary decision diagrams based approach for network reliability and sensitivity analysis[J]. IEEE Transactions Systems,Man,and Cybernetics,Part A:Systems and Humans,2008,38(1):105-115.

[166] 张彩庆,王婷.网络图自动生成算法研究[J].数学的实践与认识,2003,33(12):9-14.

[167] 徐斌,钱德沛,陆月明,等.一种基于抽象点的网络拓扑自动生成算法[J].小型微型计算机系统,2001,22(4):411-414.

[168] VEMPATI C,CAMPBELL M. A graph grammar approach to generate neural network topologies[C]//Proceedings of the ASME International Design Engineering Technical Conferences and Computers and Information in Engineering Conference,2007,79-89.

[169] NENOV,GEORGI A. A generalization of network graph complementary spanning trees[C]//4th European Conference on Circuits and Systems for Communications,2008,162-165.

[170] GURSKI F. Linear Programming formulations for computing graph layout parameters[J]. Computer Journal,2018,58(11):2921-2927.

[171] PAN W,SHI L I,WANG Y,et al. Hierarchical layout deduction for furniture model retrieval[J]. Chinese Journal of Electronics,2018,27(2):359-366.

[172] O'HARE S,NOEL S,PROLE K. A graph-theoretic visualization approach to network risk analysis[C]//Visualization for Computer Security - 5th International Workshop,2008:60-67.

[173] PERKEL J M. Data visualization tools drive interactivity and reproducibility in online publishing[J]. Nature,2018,554(7690):133-134.

[174] HURTADO F,KORMAN M,KREVELD M V,et al. Colored spanning graphs

for set visualization[J]. Computational Geometry,2018,8242:280-291.

[175] 刘学军,贾亚洲,张日明. 数控机床可靠性智能网络系统控制模型及自动生成研究[J]. 机械工程学报,2003,39(9)：114-117.

[176] CHEN X,LI J,ZHANG S. Study of generating attack graph based on privilege escalation for computer networks[C]//IEEE Singapore International Conference on Communication Systems,2008：213-217.

[177] 雷蕾,郭林,纪越峰. 一种应用于不对称网络中的生成树拓扑抽象算法[J]. 电子与信息学报,2006,28(10)：1917-1920.

[178] 张靖仪. 基于全卷积神经网络的图像缩略图生成算法[J]. 电脑知识与技术,2017,13(14)：149-150＋176.

[179] 肖力墉,苏宏业,苗宇,等. 制造执行系统功能体系结构[J]. 化工学报,2010,61(2)：359-364.

[180] 陈鸿伟,陈聪,高建强,等. 锅炉金属壁温在线监测系统模型的开发与实现[J]. 中国电机工程学报,2006,21：125-129.

[181] 张明锐,贾廷纲,徐国卿,等. 分期建设的发电厂监控系统开发与实现[J]. 电力自动化设备,2008,7：102-117.